工业机器人技能教育全国重点推荐教材
National Key Recommended Textbooks for Industrial Robot Skills Education

INDUSTRIAL ROBOT
DISASSEMBLY AND APPLICATION

工业机器人拆装与应用

基础理论教学　　强化实际练习　　结合实例讲解　　教学工作页

东莞市模具（国际）职业教育集团◎编

中国农业大学出版社
CHINA AGRICULTURAL UNIVERSITY PRESS

图书在版编目（CIP）数据

工业机器人拆装与应用 / 东莞市模具（国际）职业
教育集团编．-- 北京：中国农业大学出版社，2019. 11
    ISBN 978-7-5655-2250-5

    Ⅰ．①工… Ⅱ．①东… Ⅲ．①工业机器人—装配（机
械）—高等职业教育—教材 Ⅳ．① TP242.2

中国版本图书馆 CIP 数据核字（2019）第 176440 号

书　　名	工业机器人拆装与应用			
作　　者	东莞市模具（国际）职业教育集团　编			

策划编辑	刘耀华　张　玉	责任编辑	张　玉
封面设计	潇湘文化 XIAOXIANG CULTURE		
出版发行	中国农业大学出版社		
社　　址	北京市海淀区学清路甲 38 号	邮政编码	100193
电　　话	发行部 010-62733489，1190	读者服务部	010-62732336
	编辑部 010-62732617，2618	出 版 部	010-62733440
网　　址	http://www.caupress.cn	E-mail	cbsszs@cau.edu.cn
经　　销	新华书店		
印　　刷	东莞市比比印刷有限公司		
版　　次	2019 年 11 月第 1 版　　2019 年 11 月第 1 次印刷		
规　　格	889×1194　　16 开本　　12.25 印张　　380 千字		
定　　价	58.00 元		

前　言

随着机械技术、电子技术、控制理论的快速发展，工业机器人从出现到现在的短短几十年时间中，已经广泛被应用于国民经济的各个领域，成为现代工业生产不可缺少的好帮手，在提高产品质量、加速产品更新、促进制造业的精密化、增强产品的竞争力等方面发挥着越来越重要的作用。

本教材是由东莞市模具（国际）职业教育集团编写，集团在全体成员单位中进行资源整合，将企业的实际生产作为案例。定位于工业机器人技术的初学者，从一个工业机器人技术的初学者的角度出发，依据项目式教学法的要求组织内容，按照任务驱动教学模式要求编写。在编写过程中，既注重基础理论教学，以应用为目的，以必需、够用为度；又注重突出理论与实践相结合，强化实际练习，强调培养学生的仪器使用方法。合理安排知识点，并结合实例讲解，让学生在短时间内对工业机器人有一个系统的、全面的了解，对工业机器人的操作有一定的了解，并学会对工业机器人的基本操作。

全书共七个章节，各相关专业可以根据实际情况决定内容的取舍。

由于编写过程中无法考虑全面，若在书籍使用过程中有所错漏的地方，恳请各位师生和相关人士批评指正。

编者

2019 年 3 月

目录
contents

『第章』

用电安全培训

⚙ 电的危险性

播放触电视频，让学生充分了解安全操作的重要性。

视频：《安全用电宣传动画》——推荐使用优酷视频在线观看，时长 17 分 56 秒。

参考链接：

https://v.youku.com/v_show/id_XMzM5NTIzMjUyOA==.html?spm=a2h0k.11417342.soresults.dtitle

课堂知识回顾

叙述题

1. 简单说说你在刚才观看视频的过程中，看到的违规用电行为有哪些。

_____

_____

_____

_____

_____

_____

2. 刚才的视频中介绍了哪些避免触电的措施？

_____

_____

_____

_____

_____

_____

3. 当实际的生产生活中遇到触电的情况时，你该采取何种措施进行应对？

_____

_____

_____

_____

_____

_____

⚒ 实训室用电安全操作规程

（1）学生进入实训室后应保持实训室干净、整洁，不准携带任何食品、饮料进入实训室。

（2）实训室内不得乱扔杂物、纸屑，不得大声喧哗，严禁吸烟。

（3）按指定座位就坐，服从指导教师和实训室管理人员安排。

（4）使用实验设备时，应保持设备和手部干燥，避免用锋利物品刮蹭实验台，认真按照操作规程的要求进行实训，对故意损坏设备者加倍处罚。

（5）实验要严格按照实践指导等有关要求进行，不得随意连接电路；按需取用实验元件，插拔集成器件和连接线时应轻拿轻放，严禁粗暴操作。

（6）接线时关掉相应实验面板电源开关，接线完毕经认真检查确认无误后方可通电，通电时要随时注意观察实验设备及元件状态，如出现问题应马上断电，强电实验尤其应注意安全。

（7）凡进入实训室做实验、实训、实习等的学生，应带教材、实习记录本、电工工具等，穿戴好绝缘防护用品。

（8）实验完成后应关闭电源开关，并把领取的实验元件交回，将取出的该实验台附属实验器材放回原处，不得擅自拿走公物。

（9）爱护公物，爱惜仪器，节约用电，不要随便摆弄与实验无关的仪器。

（10）实验完毕，整理有关仪器和设备。关断电源，搞好实训室的卫生，关好门窗。

（11）严格执行实训室设备使用登记制度，凡进入实训室做实验、实训、实习等的教师要认真填写教学日志。

（12）实训室管理人员要定期对实训装置进行维护，以确保设备的正常使用。

（13）任课教师为实训室的第一责任人，所有人员必须服从任课教师安排。

（14）每次上课之前，任课教师要先到班级教室，再带领学生去实训室。去实训室期间要注意班级队伍排列整齐，不得出现队伍散漫现象，如发生班级纪律问题，则回教室接受纪律教育，整顿合格后方可进入实训室进行操作。

课堂知识回顾

一、判断题

1. 学生可以携带食品、饮料进入实训室。 （　　）

2. 在实训室内，可以大声说话，但不能吸烟。 （　　）

3. 在实训室内，可以任意选择座位就坐。 （　　）

4. 使用实验设备时，应保持设备和手部干燥，避免用锋利物品刮蹭实验台，认真按照操作规程的要求进行实训。 （　　）

5. 开展实验要严格按照实践指导等有关要求进行，不得随意连接电路；按需取用实验元件，插拔集成器件和连接线时应轻拿轻放，严禁粗暴操作。 （　　）

6. 实训室管理人员要定期对实训装置进行维护，以确保设备的正常使用。 （　　）

7. 接线时关掉相应实验面板电源开关，接线完毕可直接通电，通电时要随时注意观察实验设备及元件状态，如出现问题应马上断电，强电实验尤其应注意安全。 （　　）

8. 同学完成实验后应关闭电源开关，并把领取的实验元件交回，将取出的该实验台附属实验器材直接放在实验台上，不得擅自拿走公物。 （　　）

9. 爱护公物，爱惜仪器，勤俭用电，不要随便摆弄与实验无关的仪器。 （　　）

10. 实验完毕，关断电源，直接走人。 （　　）

11. 严格执行实训室设备使用登记制度，凡进入实训室做实验、实训、实习等的教师要认真填写教学日志。 （　　）

12. 凡进入实训室做实验、实训、实习等的学生，应带教材、实习记录本、电工工具等，穿好绝缘防护用品。 （　　）

13. 任课教师为实训室的第一责任人，所有人员必须服从任课教师安排。 （　　）

14. 每次上课之前，不用排队，直接进入实训室。 （　　）

二、填空题

1. 使用实验设备时，应保持设备和手部干燥，避免用锋利物品刮蹭实验台，认真按照＿＿＿＿＿＿的要求进行实训，对故意损坏设备者加倍处罚。

2. 开展实验要严格按照＿＿＿＿＿＿等有关要求进行，不得随意连接电路；按需取用实验元件，插拔集成器件和连接线时应轻拿轻放，严禁粗暴操作。

3. 接线时关掉相应实验面板的＿＿＿＿＿，接线完毕经认真检查无误后方可通电，通电时要随时注意观察实验设备及元件状态，如出现问题应马上断电，强电实验尤其应注意安全。

4. 实验完毕，整理有关_____。关断电源，打扫实训室的卫生，关好门窗。

5. 实训室管理人员要定期对实训装置进行_____，以确保设备的正常使用。

6. 实验完成后应关闭电源开关，并把领取的实验元件交回，将取出的该实验台附属实验器材放回_____，不得擅自拿走公物。

7. 严格执行实训室设备使用_____制度，凡进入实训室做实验、实训、实习等的教师要认真填写教学日志。

8. 在实训室里，任课教师为实训室的第一责任人，所有人员必须服从_____的安排。

9. 按指定_____就坐，服从指导教师和实训室管理人员安排。

10. 每次上课之前，任课老师要先到班级带学生去实训室，学生要_____，要注意班级队伍的排列整齐，不得出现队伍散漫现象，如发生班级纪律问题，则回教室接受纪律教育，整顿合格后方可进入实训室进行操作。

电工安全防护用品

一名电工的安全意识是非常重要的。电无声无息，往往一个不当心，就有可能触电。后果轻的，可能留下伤疤，疼痛；后果严重的，会因电火花造成大面积烧伤，甚至昏迷、休克。在一些特定场合，像高压线架设在高空中，万一触电，很可能会出现二次伤害。所以进行防护很重要。下面谈一些低压环境选择的安全防护用品。

①绝缘鞋：采用行业标准《保护足趾安全鞋》（LD50—1994），保护足趾安全鞋的内衬为钢包头，具有耐静压及抗冲击性能，防刺，防砸，在设备上工作时，作为辅助安全用具和劳动防护用品穿着的皮鞋。

②工作服：防止静电积聚。其原理是通过一定的途径尽快传导物体上的静电荷，使其分散或泄漏出去。

③绝缘手套：35kV 及以下带电作业使用。

④绝缘垫：在多用电设备或者高压用电的场合下铺设。

⑤特殊场合使用的防护用品：包括绝缘棒、挂钩接地线、安全帽、防护服等。

课堂知识回顾

一、判断题

1. 工作服的作用是通过一定的途径尽快传导物体上的静电荷，使其分散或泄漏出去。

（　　）

2. 绝缘手套用于 25kV 及以下带电作业使用。 （　　）

3. 在多用电设备或者高压用电的场合下作业时，应在脚下铺设绝缘垫等物品。

（　　）

4. 绝缘棒、挂钩接地线、安全帽、防护服等物品属于特殊场合使用的防护用品。

（　　）

5. 绝缘鞋的主要功能是防砸，它具有耐静压及抗冲击性能，作为辅助安全用具和劳动防护用品穿着。 （　　）

二、简答题

简单说说低压环境下可选用的电工防护用品有哪些，并介绍其功能。

_____

_____

_____

_____

_____

_____

_____

 **如何应对触电事故**

● 当心触电

现场救治必须争分夺秒，首要工作是切断电源。根据触电现场的环境和条件，采取最安全而又最迅速的办法切断电源或使触电者脱离电源。常用方法有关闭电源、挑开电线等。

（1）关闭电源。若触电发生在家中或开关附近，迅速关闭电源开关、拉开电源总闸刀是最简单、最安全而有效的方法。

（2）挑开电线。用干燥木棒、竹竿等将电线从触电者身上挑开，并将此电线固定好，避免他人触电。

（3）斩断电路。若在野外或远离电源开关的地方，尤其是雨天，不便接近触电者去挑开电源线时，可在现场20m以外用绝缘钳子或干燥木柄的铁锹、斧头、刀等将电线斩断。

（4）"拉开"触电者。若触电者不幸全身趴在铁壳机器上，抢救者可在自己脚下垫一块干燥木板或塑料板，用干燥绝缘的布条、绳子或用衣服绕成绳条状套在触电者身上将其拉离电源。

在使触电者脱离电源的整个过程中必须防止自身触电，注意以下几点：①必须严格保持自己与触电者的绝缘，不直接接触触电者，选用的器材必须有绝缘性能。若对所用器材绝缘性能无把握，则操作时在脚下垫干燥木块、厚塑料块等绝缘物品，使自己与大地绝缘。②在下雨天野外抢救触电者时，一切原先有绝缘性的器材都因淋湿而失去绝缘性能，因此更需注意。③野外高压电线触电，注意跨步电压的可能性并予以防止，最好是选择在20m以外切断电源；确实需要进出危险地带时，须保证单脚着地的跨跳步进出，绝对不许双脚同时着地。

课堂知识回顾

一、判断题

1. 工作服的作用是通过一定的途径尽快传导物体上的静电荷，使其分散或泄漏出去。
（　　）

2. 绝缘手套用于 25kV 及以下带电作业使用。 （　　）

3. 在多用电设备，或者高压用电的场合下作业时，应铺设绝缘垫等物品在脚下。
（　　）

4. 在不便接近触电者去挑开电源线时，可在现场 20m 以外用绝缘钳子或干燥木柄的铁锹、斧头、刀等将电线斩断。 （　　）

5. 若触电发生在家中或开关附近，迅速关闭电源开关、拉开电源总闸刀是最简单、最安全而有效的方法。 （　　）

6. 在抢救触电人员的过程中，要用干燥木棒、竹竿等将电线从触电者身上挑开，并将此电线固定好，避免他人触电。 （　　）

7. 若触电者不幸全身趴在铁壳机器上，抢救者可在自己脚下垫一块金属板，用干燥绝缘的布条、绳子或用衣服绕成绳条状套在触电者身上将其拉离电源。 （　　）

8. 在使触电者脱离电源的整个过程中必须防止自身触电，必须严格保持自己与触电者的绝缘，不直接接触触电者，选用的器材必须有绝缘性能。 （　　）

9. 可用被雨水打湿的木棍挑开触电者。 （　　）

10. 野外高压电线触电，注意跨步电压的可能性并予以防止，最好是选择在 20m 以外切断电源；确实需要进出危险地带，需保证以双脚着地的跨跳步进出。 （　　）

二、简答题

1. 根据触电现场的环境和条件，及最安全而又最迅速的原则，切断电源或使触电者脱离电源的方法有哪些？怎样实施抢救？

_____

_____

_____

_____

_____

_____

2. 在使触电者脱离电源的整个过程中，应注意哪些方面防止自身触电？

_____

_____

_____

_____

_____

_____

_____

_____

⚙ 触电急救

一、当触电者脱离电源后，对其进行观察，然后决定处理方式

（1）如触电伤员神志清醒，应使其就地躺平，严密观察，暂时不要站立或走动。

（2）如触电伤员神志不清，应使其就地仰面躺平，且确保气道畅通，并用 5s 时间呼叫伤员或轻拍其肩部，以判定伤员是否意识丧失。禁止摇动伤员头部呼叫伤员。

（3）对需要抢救的伤员，应立即就地进行正确抢救，并设法联系医疗部门接替救治。

（4）呼吸、心跳情况的判定。触电伤员如意识丧失，应在 10s 内用看、听、试的方法判定伤员呼吸、心跳情况。看——看伤员的胸部、腹部有无起伏动作；听——用耳贴近伤员的口鼻处，听有无呼气声音；试——试测口鼻有无呼气的气流，再用两手指轻试一侧（左或右）喉结旁凹陷处的颈动脉有无搏动。若看、听、试结果，既无呼吸又无颈动脉搏动，可判定呼吸心跳停止。

二、现场急救

触电伤员呼吸和心跳均停止时，应立即按心肺复苏法支持生命的三项基本措施，正确进行就地抢救。

（一）人工呼吸（触电者无呼吸时）

（1）通畅气道：触电伤员呼吸停止时，重要的是始终确保气道通畅。如发现伤员口内有异物，可将其身体及头部同时侧转，迅速用一根手指或用两根手指交叉从口角处插入，取出异物，操作中要注意防止将异物推到咽喉深部。通畅气道可采用仰头抬颌法：一只手放在触电者前额，另一只手的手指将其下颌骨向上抬起，两手协同使伤员头部后仰，舌根随之抬起，气道即可通畅。严禁用枕头或其他物品垫在伤员头下，头部抬高前倾会加重气道阻塞，且使胸外按压时流向脑部的血液减少，甚至消失。

（2）口对口（鼻）人工呼吸：在保持伤员气道通畅的同时，救护人员用放在伤员额上的手的手指捏住伤员鼻翼，救护人员深吸气后，与伤员口对口紧合，在不漏气的情况下，先连续大口吹气两次，每次 1～1.5s。两次吹气后试测颈动脉，如仍无搏动，可判断心跳已经停止，要立即同时进行胸外按压。除开始时大口吹气两次外，正常口对口（鼻）人工呼吸的吹气量无须过大，以免引起胃膨胀。吹气和放松时要注意伤员胸部应有起伏的呼吸动作。吹气时如有较大阻力，可能是头部后仰不够，应及时纠正。如触电伤员牙关紧闭，可口对鼻人工呼吸。口对鼻人工呼吸吹气时，要将伤员嘴唇紧闭，防止漏气。

（二）胸外心脏按压（触电者无心跳时）

正确的按压位置是保证胸外按压效果的重要前提。确定正确按压位置的步骤如下。

（1）右手的食指和中指沿触电伤员的右侧肋弓下缘向上，找到肋骨和胸骨接合处的中点。

（2）两手指并齐，中指放在切迹中点（剑突底部），食指平放在胸骨下部。

（3）另一只手的掌根紧挨食指上缘，置于胸骨上，此处即为正确按压位置。

（4）正确的按压姿势是达到胸外按压效果的基本保证。正确的按压姿势是：

①使触电伤员仰面躺在平硬的地方，救护人员立或跪在伤员一侧肩旁，救护人员的两肩位于伤员胸骨正上方，两臂伸直，肘关节固定不屈，两手掌根相叠，手指跷起，不接触伤员胸壁。

②以髋关节为支点，利用上身的重力，垂直将正常成人胸骨压陷 3～5cm（儿童和瘦弱者酌减）。

③压至要求程度后，立即全部放松，但放松时救护人员的掌根不得离开胸壁。按压必须有效，有效的标志是按压过程中可以触及颈动脉搏动。

操作频率：

胸外按压要以均匀速度进行，每分钟 100 次左右，每次按压和放松的时间相等。

胸外按压与口对口（鼻）人工呼吸同时进行，其节奏为：单人抢救时，每按压 15 次后吹气 2 次（15：2），反复进行；双人抢救时，每按压 5 次后由另一人吹气 1 次（5：1），反复进行。

既无心跳又无呼吸的触电者，需人工呼吸和胸外心脏按压交替进行。

（三）抢救中的再判定

（1）按压吹气 1min 后（相当于单人抢救时做了 4 个 15 ∶ 2 压吹循环），应用看、听、试方法在 5 ～ 7s 时间内完成对伤员呼吸和心跳是否恢复的再判定。

（2）若判定颈动脉已有搏动但无呼吸，则暂停胸外按压，而再进行 2 次口对口人工呼吸，接着每 5s 吹气一次（即每分钟 12 次）。如脉搏和呼吸均未恢复，则继续坚持心肺复苏法抢救。

（3）在抢救过程中，要每隔数分钟再判定一次，每次判定时间均不得超过 5 ～ 7s。在医务人员未接替抢救前，现场抢救人员不得放弃现场抢救。

课堂知识回顾

一、判断题

1. 触电伤员神志清醒后，可立即站立或走动，不必保持平躺的姿势和进行严密观察。
（　　）

2. 需要抢救的伤员，应在脱离电源后，第一时间就地进行正确抢救，并拨打"120"急救电话。
（　　）

3. 触电伤员如神志不清，应平躺，保持呼吸道畅通，并用 5s 时间，呼叫伤员或轻拍其肩部，以判定伤员是否意识丧失，以此为依据进行判断，进行下一次急救行动。（　　）

4. 触电伤员呼吸停止时，如发现伤员口内有异物，可将其身体及头部平躺，迅速用一根手指或用两根手指交叉从口角处插入，从触电者口中取出异物。
（　　）

5. 可以用枕头或其他物品垫在伤员头下，头部抬高前倾，使气道畅通，使胸外按压时血流流向脑部。
（　　）

6. 在两次口对口（鼻）人工呼吸吹气后，试测颈动脉仍无搏动，可判断心跳已经停止，要立即同时进行胸外按压。
（　　）

7. 触电伤员如牙关紧闭，可口对鼻人工呼吸。口对鼻人工呼吸吹气时，不用使伤员嘴唇紧闭。
（　　）

8. 胸外按压要以均匀速度进行，每分钟 100 次左右，每次按压和放松的时间相等。
（　　）

9. 胸外按压与口对口（鼻）人工呼吸同时进行，单人抢救时，每按压 15 次后吹气 2 次（15 ： 2），反复进行。
（　　）

10. 在医务人员未接替抢救前，现场抢救人员累了可以暂停抢救的行为，适当休息后再继续。
（　　）

二、填空题

1. 触电伤员呼吸和心跳均停止时，应立即按_____法支持生命体征，正确进行就地抢救。

2. 在呼吸、心跳情况的判定过程中，若看、听、试结果，既无呼吸又无颈动脉搏动，可判定呼吸心跳_____。

3. 触电伤员呼吸停止后实施人工措施，重要的是始终确保_____。

4. 在人工呼吸过程中，如两次吹气后试测颈动脉仍无搏动，可判断心跳已经停止，要立即同时进行_____。

5. 触电伤员如牙关紧闭，可口对鼻人工呼吸。口对鼻人工呼吸吹气时，要将伤员_____
_____紧闭，防止漏气。

6. 胸外按压要以均匀速度进行，每分钟_____次左右，每次按压和放松的时间相等。

7. 胸外按压与口对口（鼻）人工呼吸同时进行，其节奏为：单人抢救时，每按压_____次后吹气_____次，反复进行；双人抢救时，每按压_____次后由另一人吹气_____次，反复进行。

8. 除开始时大口吹气两次外，正常口对口（鼻）呼吸的吹气量不需过大，以免引起_____。

9. 按压吹气1min后（相当于单人抢救时做了4个15∶2压吹循环），应用看、听、试方法在_____时间内完成对伤员呼吸和心跳是否恢复的再判定。

10. 若判定颈动脉已有搏动但无呼吸，则暂停胸外按压，而再进行_____次口对口人工呼吸，接着每_____吹气一次（即每分钟12次）。如脉搏和呼吸均未恢复，则继续坚持心肺复苏法抢救。

三、简答题

1. 简单说说如何对触电者呼吸、心跳情况进行判定，并根据判定结果采取下一步的急救行动。

_____

_____

_____

_____

_____

_____

_____

_____

2. 简单介绍对触电者实施人工呼吸的操作流程。

_____

_____

_____

_____

_____

_____

_____

3.简要说明在触电者无心跳时实施胸外心脏按压的操作流程。

_____

_____

_____

_____

_____

_____

4.简单说说胸外按压操作频率。

_____

_____

_____

_____

_____

_____

章节学习记录

问题记录

1. 在学习过程中遇到了什么问题？请记录下来。

_____

_____

_____

2. 请分析问题产生的原因，并记录。

_____

_____

_____

3. 如何解决问题？请记录解决问题的方法。

_____

_____

_____

4. 请谈谈解决问题之后的心得体会。

_____

_____

_____

_____

_____

_____

第二章

机器人拆装安全管理条例

机器人拆装安全管理条例

（1）机器人使用人员必须对自己的安全负责。

（2）在生产中一定要注意安全，除了设备上配备安全装置外，操作人员必须遵守安全规则，以防止工伤事故发生。一般应做到：操作前要穿好工作服或紧身衣服，袖口应扎紧，要戴工作帽，女生的头发必须扎起。

（3）机器人使用人员必须对设备的安全负责。

（4）机器人周围区域必须清洁，无油、水及其他杂质等。

（5）机器人是精密的生产工具，其额定工作负载在出厂时是已经决定了的。当我们购买前或使用时，必须考虑其将要搬运对象的重量。

（6）机器人不可受如攀附之类的外力，这样会损伤机器人的硬件，也可能出现人身安全事故。

（7）开机前检查机器人各部分机械是否完好，检查周边相关自动化设备，其配合的位置是否安全，电气柜是否整齐干净，如有飞线、乱线的现象，报告实训老师处理。

（8）机器人断电后，需要等待放电完成才能再次上电，一般间隔 2～3min。

（9）必须知道机器人控制器和外围控制设备上的紧急停止按钮的位置，准备在紧急情况下使用这些按钮。

（10）必须知道所有会影响机器人移动的开关、传感器和控制信号的位置和状态。

（11）机器人摆动速度可以很快，也就是可以在极短的时间内移动幅度很大。所以操作人员在操作机器人时必须采用较低的速度倍率，保证自身安全。

（12）在按下示教盒上的点动运行键之前要考虑机器人的运动趋势。趋势便是将要移动的方向。

（13）设计机器人的运动轨迹要预先考虑好避让，并确认该线路不受干扰。

（14）自动模式下运行前，必须知道机器人根据所编程序将要执行的全部任务或动作。

（15）永远不要认为机器人没有移动，程序就已经完成，因为这时机器人很有可能正在等待让它继续移动的输入信号。

（16）工作结束后或交接班时，须将用过的物件擦净归位，清理设备各部分的油污或灰尘。按规定时间在应加油的地方加油，并把现场周围打扫干净。

（17）机器人程序的设计人员、机器人系统的设计人员和调试人员、安装人员必须熟悉华数工业机器人的编程方式、系统应用及安装。

课堂知识回顾

一、判断题

1. 机器人拆装人员必须对自己的安全负责。   （   ）

2. 机器人使用人员不用对设备的安全负责，对设备的安全负责是设备维护人员的责任。
                                                                （   ）

3. 在生产中一定要注意安全，操作人员为防止工伤事故发生，一般应做到：操作前要穿好工作服或紧身衣服，袖口应扎紧，要戴工作帽，女生的头发必须扎起。   （   ）

4. 机器人的额定工作负载在出厂时是已经决定了的，购买前或使用时，不用考虑其将要搬运对象的负荷。   （   ）

5. 机器人断电后，可立即上电。   （   ）

6. 机器人周围区域必须清洁，无油、水及其他杂质等。   （   ）

7. 开机前检查机器人各部分机械是否完好，检查周边相关自动化设备，其配合的位置是否安全，电气柜是否齐整干净，出现意外情况，可以自行处理。   （   ）

8. 机器人在运动过程中遇到紧急情况，要立即使用机器人控制器和外围控制设备上的紧急停止按钮。   （   ）

9. 机器人摆动速度可以很快，也就是可以在极短的时间内，移动幅度很大。所以操作人员在操作机器人时可以采用较高的速度倍率，以节省调试的时间。   （   ）

10. 工作结束后或交接班时，须将用过的物件擦净归位，清理设备各部分的油污或灰尘。按规定时间在应加油的地方加油，并把现场周围打扫干净。   （   ）

二、填空题

1. 当我们购买机器人前或使用机器人时，必须考虑其将要搬运对象的_____。

2. 机器人断电后，需要等待放电完成才能再次上电，一般间隔_____。

3. 必须知道机器人控制器和外围控制设备上的_____的位置，准备在紧急情况下使用这些按钮。

4. 机器人摆动速度可以很快，也就是可以在极短的时间内，移动幅度很大。所以操作人员在操作机器人时必须采用_____的速度倍率，保证自身安全。

5. 在生产中一定要注意安全，除了在设备配备安全装置外，操作人员必须遵守_____，以防止工伤事故发生。

三、简答题

1. 在生产中，除了在设备上配备安全装置外，操作人员必须遵守安全规则，以防止工伤事故发生，一般应做到哪几个方面？

_____

_____

_____

_____

2. 机器人开机前，要检查机器人哪几个方面的状况？

_____

_____

_____

_____

3. 工作结束后或交接班时，应按照实训室的管理守则，做好哪几个方面的工作后才能离开？

_____

_____

_____

_____

📖 章节学习记录

问题记录

1. 在学习过程中遇到了什么问题？请记录下来。

_____

_____

_____

_____

2. 请分析问题产生的原因，并记录。

_____

_____

_____

_____

3. 如何解决问题？请记录解决问题的方法。

_____

_____

_____

_____

4. 请谈谈解决问题之后的心得体会。

_____

_____

_____

_____

_____

_____

「第三章」

机器人拆装作业指导书

机器人拆装作业指导书

一、目的

规范操作人员对工业机器人的操作，延长其使用寿命，确保安全生产。

二、范围

适用于操作（及合作企业）电气部、自动化开发部的华数工业机器人。

三、权责

工作人员负责机器人、与其配合的周边设备的正确使用和保养，完成交接班工作及文明生产。

四、作业内容

（一）作业前确认事项

在工业机器人工作前，需先确定搬运工件型号，辨认夹具是否合适，机器人相关的各信号是否正常。

（二）作业步骤

（1）开启相关的气源并观察其压力表的示数是否合适，一般应在 0.4 ～ 0.6MPa。

（2）开启电源开关，这里指的是电气柜的钥匙电源开关，右旋上电。

（3）检查电气柜与示教器上的红色急停按钮是否被按下。若被按下，需将其右旋，使其松开弹起。

（4）待示教器启动完毕，在示教器的正上方有个状态切换钥匙转换开关，先将其往右旋，然后切换到手动 T1 模式，最后将钥匙开关左旋，状态转换完成。

（5）选择合适的坐标模式，轴坐标或直角坐标均可以，先将机械手移到安全位置。（例：移出数控机床）

（6）在示教器上调出变量对话；点击转移到点，将处于安全位置的机器人转移到工作原点。

（7）选择技术人员指定的程序，在手动模式下进行低速（一般速率在5%以下）单步运行。这样是为了验证该程序的正确性。

（8）手动模式下如果没有问题，则可切换到自动模式，并转移到工作原点等待工作信号。（若不正常，找相关老师或技术人员处理）

（9）工作结束或换班时，将机器人移到安全位置停机断电，进行一次全面的检查、清理及保养。

（10）明确交接任务及注意事项，并做好文明生产。

（11）操作人员还必须根据自动化线的不同，掌握机器人周边设备交互面板的基本操作。（例：数控机床基本操作）

（三）保养作业要求

（1）作业完毕，清理机器人身上的油污或灰尘。

（2）检查电源开关，消除松动及不良隐患。

（3）按照《华数机器人保养建议》严格进行保养。

（4）日常保养完成后，在"机械设备日常点检保养记录表"中做好记录。

（四）安全注意事项

（1）进入车间要穿劳保鞋。

（2）工作操作时，衣袖扣紧。

（3）严禁戴手套作业。

（4）厂牌（校牌）等胸前佩戴物品不得露在工作服外。

课堂知识回顾

一、判断题

1. 规范操作人员对工业机器人的正确操作，延长使用寿命，确保安全生产。（　　）

2. 电气柜的钥匙电源开关，左旋上电。（　　）

3. 在工业机器人工作前，需先确定电源是否全部断开，确定所有的工具和零件盒子是否准备好，确定工作台是否没有其他的元件，以免弄混。（　　）

4. 开启相关的气源后，不用检查气压，直接上电。（　　）

5. 机器人断电后，可立即上电。（　　）

6. 机器人上电前，不用检查电气柜与示教器上的红色急停按钮是否被按下。（　　）

7. 选择合适的坐标模式前，机器人操作员先将机械手移到安全位置。（　　）

8. 为了验证该程序的正确性，选择技术人员指定的程序，在自动模式下进行低速运行。（　　）

9. 工作结束或换班时，将机器人移到安全位置停机断电。进行一次全面的检查、清理及保养。（　　）

10. 在示教器调出变量对话，将处于安全位置的机器人，点击转移到点，将机器人转移到工作原点。（　　）

二、填空题

1. 工业机器人在工作前，需先确定电源是否全部_____，确定所有的工具和零件盒子是否准备好，确定工作台是否没有其他的元件，以免弄混。

2. 在机器人上电之前，开启相关的气源并观察其压力表的压力是否合适，一般为_____MPa至_____MPa。

3. 检查电气柜与示教器上的红色_____是否被按下。若被按下，请将其右旋松开弹起。

4. 待示教器启动完毕，在示教器的正上方有个_____钥匙转换开关，先将其往右旋，然后切换到手动 T1 模式，最后将钥匙开关左旋，状态转换完成。

5. 选择技术人员指定的程序，在_____模式下进行低速（一般速率在 5% 以下）单步运行。这样是为了验证该程序的正确性。

6. 机器人如果在手动模式下工作没问题，则可以将机器人的控制模式切换到_____模式，并转移到工作原点等待工作信号。

7. 工作结束或换班时，将机器人移到_____停机断电，进行一次全面的检查、清理及保养。

三、简答题

1. 在工业机器人工作前，操作人员要做哪些准备检查工作？

_____

_____

_____

_____

_____

_____

2. 在示教器启动完毕后，如何将示教器的状态切换到手动 T1 模式？

_____

_____

_____

_____

_____

_____

3. 选择技术人员指定的程序，如何验证该程序的正确性？

_____

_____

_____

_____

_____

_____

_____

章节学习记录

问题记录

1. 在学习过程中遇到了什么问题？请记录下来。

_____

_____

_____

_____

2. 请分析问题产生的原因，并记录。

_____

_____

_____

_____

3. 如何解决问题？请记录解决问题的方法。

_____

_____

_____

_____

4. 请谈谈解决问题之后的心得体会。

_____

_____

_____

_____

_____

_____

「第四章」

机器人拆装工作页

> **岗位介绍**

工业机器人拆装人员，主要负责严格把住机器人质量关卡，认真执行质量方针，努力实现质量目标，按照作业指导书的规定进行现场作业，确保机器人能够正常运行。

> **岗位目标**

熟悉工业机器人各轴的拆装方法，掌握各轴的检验方法和更换夹具，学会检修机器人机械故障，为工业机器人的运行提供保障。完成日常保养、任务确认书以及交接班记录等文案的填写，配合与协助相关部门的本职工作。

> **工作地点**

自动化生产线车间。

> **岗位任务**

典型任务一：工业机器人基础知识
典型任务二：拆装机器人本体参数
典型任务三：工业机器人拆卸实训基本准备工作
典型任务四：J6 轴减速器及电机组合的拆卸
典型任务五：J5 轴减速器及电机组合的拆卸
典型任务六：小臂及 J4 轴减速器和电机组合的拆卸
典型任务七：J3 轴减速器及电机组合的拆卸
典型任务八：J2 轴减速器与 J1 轴减速器及电机组合的拆卸

典型任务一：工业机器人基础知识

学习目标

1. 了解电气柜操作面板使用。
2. 熟悉、掌握机器人示教器的使用方法。
3. 明确机器人的安全使用与维护意识。
4. 在规定时间内完成岗位任务。
5. 学会 HSR-612 型机器人手动对点操作。

工作任务

任务描述：机器人的最基础操作便是手动操作，这是在自动化生产中必不可少的步骤。现要求同学们（操作员）对机器人硬件有初步的认知（图 4-1）。了解了硬件之后，通过示教器操作机器人，学会使用示教器手动操作机器人。

操作人员：2 人。

HSR-612 型机器人系统组成。

①机械手　　②连接线缆　　③电控系统　　④ HSpad 示教器

图 4-1　HSpad 和华数机器人连接图

知识准备

一、认识 HSR-612 型机器人电气柜面板（图 4-2）

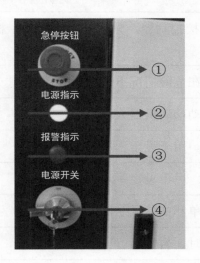

①急停按钮　　②机器人控制柜电源指示　　③系统报警指示灯　　④电源开关

图 4-2　HSR-612 型机器人电气柜面板

二、了解 HSR-612 型机器人示教器正面板

（一）示教器正面板（图 4-3）

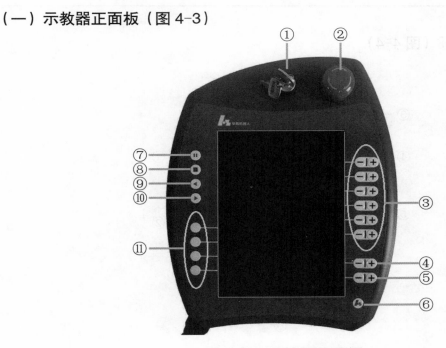

图 4-3　示教器正面板

示教器正面说明见表4-1。

表4-1　示教器正面板说明

标签项	说明
①	钥匙开关用于调出连接控制器。只有插入钥匙后，机器人状态才可以被转换，转换工作模式
②	紧急停止按键。用于在危险情况下使机器人停机
③	点动运行键。用于手动移动机器人
④	自动运行倍率调节键。用于设定程序调节量
⑤	手动运行倍率调节键。用于设定手动调节量
⑥	菜单按键。可进行菜单和文件导航器之间的切换
⑦	暂停按键。运行程序时，暂停运行
⑧	停止键。用停止键可停止正运行中的程序
⑨	预留
⑩	开始运行键。在加载程序成功时，点击该按键后开始运行
⑪	辅助按键

（二）示教器背部（图4-4）

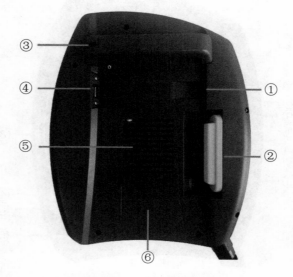

图 4-4　示教器背部

示教器背部说明见表 4-2。

表 4-2 示教器背部说明

标签项	说明
①	调试接口
②	段式安全开关。安全开关有 3 个位置： ● 未按下 ● 中间位置 ● 完全按下 在手动 T1 或手动 T2 模式下，确认开关必须保持在中间位置，方可使机器人运动；在采用自动运行模式时，安全开关不起作用
③	HSpad 触摸屏手写笔插槽
④	USB 插口用于存档 / 还原等操作
⑤	散热口
⑥	HSpad 标签型号粘贴处

三、了解示教器操作界面（图 4-5）

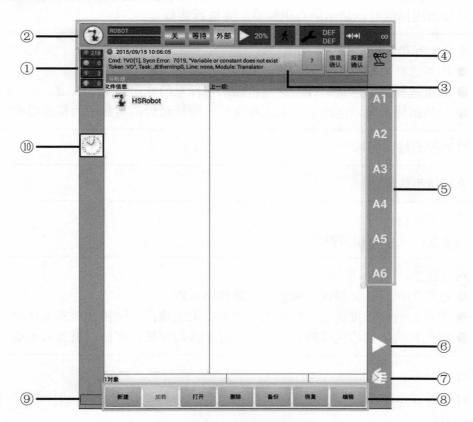

图 4-5 示教器操作界面

示教器操作界面说明见表 4-3。

表 4-3 示教器操作界面说明

标签项	说明
①	信息提示计数器： 信息提示计数器显示，提示每种信息类型各有多少条等待处理 触摸信息提示计数器可放大显示
②	状态栏
③	信息窗口： 根据默认设置将只显示最后一个信息提示 触摸信息窗口可显示信息列表。列表中会显示所有待处理的信息。可以被确认的信息可用确认键确认： ● 信息确认键确认所有除错误信息以外的信息 ● 报警确认键确认所有错误信息 ● "？"按键可显示当前信息的详细信息
④	坐标系状态： 触摸该图标就可以显示所有坐标系，并进行选择
⑤	点动运行指示： ● 如果选择与轴相关的运行，这里将显示轴号（A1、A2 等） ● 如果选择笛卡尔式运行，这里将显示坐标系的方向（X、Y、Z、A、B、C） ● 触摸图标会显示运动系统组选择窗口。选择组后，将显示为相应组中所对应的名称
⑥	自动倍率修调图标
⑦	手动倍率修调图标
⑧	操作菜单栏： 用于程序文件的相关操作
⑨	网络状态： ● 红色为网络连接错误，应检查网络线路问题 ● 黄色为网络连接成功，但初始化控制器未完成，无法控制机器人运动 ● 绿色为网络初始化成功，HSpad 正常连接控制器，可控制机器人运动
⑩	时钟： 时钟可显示系统时间。点击时钟图标就会以数码形式显示系统时间和当前系统的运行时间

四、了解机器手臂本体（图 4-6）

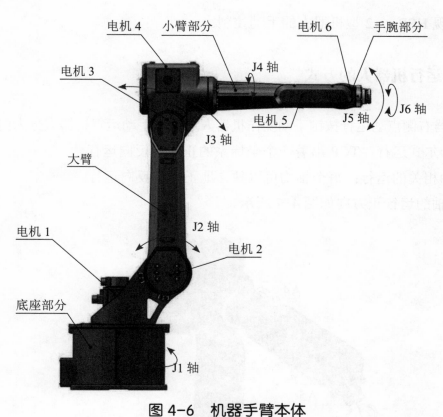

图 4-6　机器手臂本体

任务实施

任务：实现 HSR-612 型机器人的手动控制。

一、手动运行机器人的方式

使用示教器右侧点动运行按键手动操作机器人运动。手动运行机器人分为两种方式：

（1）笛卡尔式运行：TCP 沿着一个坐标系的正向或反向运行。

（2）与轴相关的运行：每个轴均可以独立地正向或反向运行。

机器人各轴的运行正方向如图 4-7 所示。

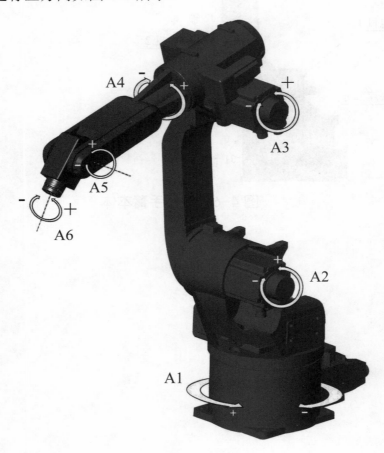

图 4-7　机器人各轴的运行方向

二、如何开启机器人电源

在电气控制柜面板右旋面板的钥匙电源开关，接通机器人电源。

三、如何使用示教器手动操作机器人运行

（1）示教器开启之后，先打开电气控制柜面板上的急停开关，使能伺服电机。

（2）打开示教器正面上的急停开关，控制器使能。

（3）观察网络状态是否连接成功（成功为绿色显示），若是其他颜色，请检查示教器与电气控制柜之间的网络线路问题。

（4）右旋面板的钥匙开关，此时触摸屏会切换至图4-8界面，然后进行点击选择切换至手动T1模式。（各模式说明见表4-4）

图4-8 手动模式界面

表4-4 手动操作机器人运行模式说明

运行模式	应用	速度
手动 T1	用于低速测试运行、编程和示教	编程示教：编程运行速度最高 125mm/s 手动运行：手动运行速度最高 125mm/s
手动 T2	用于高速测试运行、编程和示教	编程示教：编程运行速度最高 250mm/s 手动运行：手动运行速度最高 250mm/s
自动模式	用于不带外部控制系统的工业机器人	程序运行速度：程序设置的编程速度 手动运行：禁止手动运行
外部模式	用于带有外部控制系统（例如 PLC）的工业机器人	程序运行速度：程序设置的编程速度 手动运行：禁止手动运行

（5）左旋面板的钥匙开关，触摸屏界面会重新切换回之前的首页，此时界面像图4-9一样会显示T1，这表示将工作于手动T1模式。

图4-9 手动T1模式

（6）运行方式选择，使用示教器右侧点动运行按键手动操作机器人运动。手动运行机器人分为两种方式。

①笛卡尔式运行：TCP 沿着一个坐标系的正向或反向运行。

②与轴相关的运行：每个轴均可以独立地正向或反向运行。

机器人各轴的运行正方向如图 4-10 所示。坐标系选择见图 4-11。

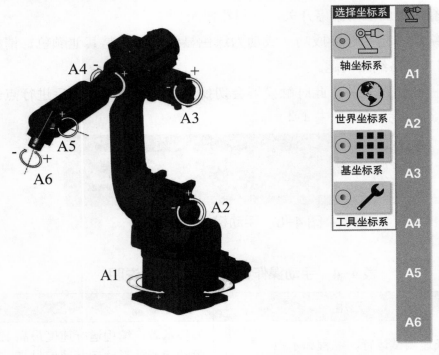

图 4-10　机器人各轴的运行方向　　　图 4-11　坐标系选择

（7）手动调节机器人运行速度，手动倍率是手动运行时机器人的速度。它以百分比表示，以机器人在手动运行时的最大可能速度为基准。手动 T1 为 125 mm/s，手动 T2 为 250 mm/s，初次操作机器人要把机器人的速度调低，建议在 5%～10%（图 4-12），避免操作不当发生碰撞。

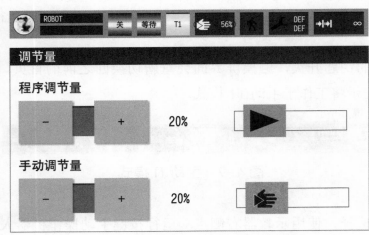

图 4-12　手动调节机器人速度

具体操作步骤如下：

①触摸倍率修调状态图标，打开倍率调节量窗口，按下相应按钮或者拖动后倍率将被调节。

②设定所希望的手动倍率。可通过正负键或通过调节器进行设定。正负键：可以以100% 步距、75% 步距、50% 步距、30% 步距、10% 步距、3% 步距、1% 步距进行设定。调节器：倍率可以以 1% 步距为单位进行更改。

 若当前为手动模式，状态栏只显示手动倍率修调值，自动模式时显示自动倍率修调值，点击后在窗口中手动倍率修调值和自动倍率修调值均可设置。

（8）进行轴坐标运动。

前提条件：运行方式手动 T1 或手动 T2，具体操作步骤如下。

①选择运行键的坐标系统为轴坐标系。运行键旁边会显示 A1—A6，如图 4-13 所示。

②设定手动倍率。

③按住安全开关，此时使能处于打开状态。

④按下正或负运行键，以使机器人轴朝正或反方向运动。

⑤运动时要注意机械手臂周边是否安全，无任何碰撞危险。

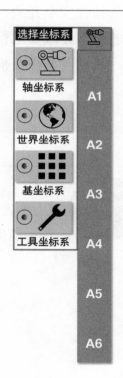

图 4-13　选择轴坐标系

 机器人在运动时的轴坐标位置可以通过如下方法显示：

选择主菜单→显示→实际位置。若显示的是笛卡尔坐标可点击右侧"轴相关"按钮切换。

（9）进行笛卡尔坐标运动。

具体操作步骤如下：

①运行方式为手动 T1 或手动 T2，工具和基坐标系已选定。

如图 4-14 所示：

②选择运行键的坐标系为：世界坐标系、基坐标系或工具坐标系。

③设定手动倍率。

④运行键旁边会显示以下名称：

X、Y、Z：用于沿选定坐标系的轴进行线性运动；

A、B、C：用于沿选定坐标系的轴进行旋转运动。

⑤按住安全开关，此时使能处于打开状态。

⑥按下正或负运行键，以使机器人朝正或反方向。

⑦运动时要注意机械手臂周边是否安全，无任何碰撞危险。

图 4-14　进行笛卡尔坐标运动

 机器人在运动时的笛卡尔位置可以通过如下方法显示：
选择主菜单→显示→实际位置。第一次默认当前显示的即为笛卡尔坐标位置，若显示的是轴坐标可点击右侧笛卡尔按钮切换。

评价反馈，总结提高

活动过程评价表

班级：_____ 姓名：_____ 学号：_____ _____年___月___日

评价项目及标准		配分	等级评定			
			A	B	C	D
学习态度	1. 虚心向师傅学习	10				
	2. 组员的交流、合作融洽	10				
	3. 实践动手操作的主动积极性	10				
操作规范	1. 遵守工作纪律，正确使用工具，注意安全操作	10				
	2. 熟悉电气控制柜的正确使用方法	10				
	3. 熟悉示教器面板的操作	10				
	4. 掌握机器人的手动控制方法	10				
	5. 认识机械手臂各轴的旋转方向	10				
	6. 实习岗位卫生清洁、工具的整理保管及实习场所卫生清扫情况	10				
完成情况	在规定时间内，能较好地完成所有任务	10				
合计		100				
师傅总评						

等级评定：A：优（10）；B：好（8）；C：一般（6）；D：有待提高（4）

学习拓展，技能升华

　　分别在轴坐标和笛卡尔坐标系下手动移动机器人，观察分析机器人是如何移动的，看看两种不同坐标的运动方向和运行轨迹等有何不同。分析这两种移动模式的区别。

典型任务指导书

岗位		
任务名称		
学习目标		
任务内容		
工作流程	任务框架	
	学习过程	
	自我评价	
	师傅评价	

课堂知识回顾

一、填空题

1. HSR-612 型机器人系统组成包括_____、_____、_____和_____。

2. 用于调出_____的钥匙开关。只有插入了钥匙后，状态才可以被转换，转换工作模式。

3. _____按键，用于在危险情况下使机器人停机。

4. _____运行键，用于手动移动机器人。

5. 用于设定程序调节量的按键，自动运行_____调节。

6. 用于设定手动调节量的按键，手动运行_____调节。

7. _____按钮，可进行菜单和文件导航器之间的切换。

8. _____按钮，运行程序时，暂停运行。

9. _____键，用停止键可停止正在运行中的程序。

10. 开始运行键。在加载程序成功时，点击该按键后开始运行。

11. 在示教器上的背部，段式安全开关拥有 3 个状态位置，包括_____、_____和_____。

12. 在运行方式手动 T1 或手动 T2 中，确认开关必须保持在_____，方可使机器人运动。

13. 使用示教器右侧点动运行按键手动操作机器人运动时，手动运行机器人分为两种方式，包括_____和_____。

14. 在电气控制柜面板右旋面板的_____开关，开启机器人电源。

15. 在操作机器人之前，示教器开启之后，先打开电气控制柜面板上的_____开关，使能伺服电机。

16. 打开示教器正面上的_____开关，控制器使能。

17. 手动 T1 模式一般用于_____测试运行、编程和示教。

18. 手动调节机器人运行速度，_____是手动运行时机器人的速度。

19. 初次操作机器人要把机器人的速度_____，建议在 5% ～ 10%，避免操作不当发生碰撞。

20. 触摸倍率修调状态图标，打开_____窗口，按下相应按钮或者拖动后倍率将被调节。

21. 写出 HSR-612 型机器人系统组成名称。

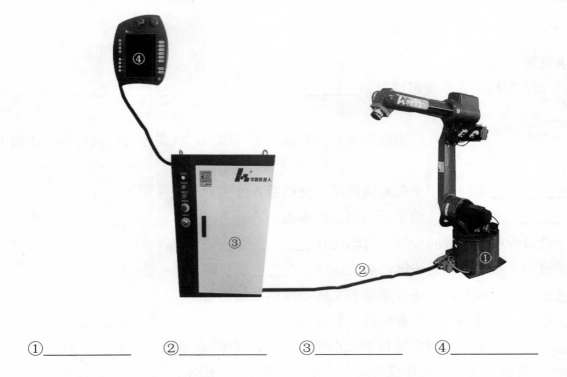

①_____   ②_____   ③_____   ④_____

22. 写出 HSR-612 型机器人示教器正面板中各部分的名称。

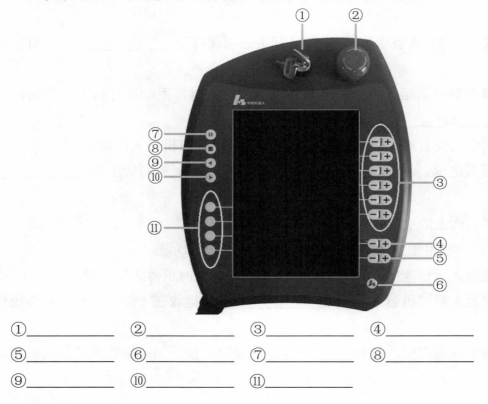

①_____   ②_____   ③_____   ④_____

⑤_____   ⑥_____   ⑦_____   ⑧_____

⑨_____   ⑩_____   ⑪_____

23. 写出 HSR-612 型机器人示教器背部各部分的名称。

①_____ ②_____ ③_____ ④_____

⑤_____ ⑥_____

二、简答题

1. 通过这节课的学习，请你简单说说使用示教器手动操作机器人运行的步骤。

_____

_____

_____

_____

_____

_____

_____

2. 通过学习，我们知道了手动调节机器人运行速度，手动倍率是手动运行时机器人的速度，但要把机器人的速度调低，具体操作步骤是什么？

_____

_____

_____

_____

_____

3. 操作机器人进行轴坐标运动的步骤是什么？

_____

_____

_____

_____

_____

4. 操作机器人进行笛卡尔坐标运动的步骤是什么？

_____

_____

_____

_____

_____

5. 熟记机器手臂本体各部分的名称。

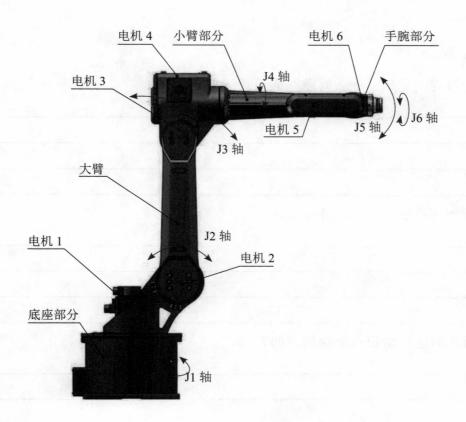

📖 章节学习记录

问题记录

1.在学习过程中遇到了什么问题？请记录下来。

_____

_____

_____

_____

2.请分析问题产生的原因，并记录。

_____

_____

_____

3.如何解决问题？请记录解决问题的方法。

_____

_____

_____

4.请谈谈解决问题之后的心得体会。

_____

_____

_____

_____

_____

_____

典型任务二：拆装机器人本体参数

学习目标

1. 了解 HSR-608 工业机器人基本规格。
2. 掌握机器人各部和动作轴名称。
3. 了解机器人外形尺寸和工作空间。
4. 注意机器人底座的安装尺寸。
5. 了解手腕末端法兰盘的详图。
6. 理解附件安装位置。

工作任务

任务描述：机器人的本体，即除去示教器与电柜之后剩下来的手臂形状的机体，也就是如图 4-15 的序号①所示。这是自动化生产的物理机身。现在要求同学们（操作员）对机器人硬件有个初步的认知。了解硬件之后，要求同学们相互交流，相互问答。

图 4-15 HSpad 和华数机器人连接图

知识准备

1. 认识 HSR-608 型机器人基本规格（表 4-5）。

表 4-5　HSR-608 型机器人基本规格

机构形态		垂直多关节型
自由度		6
最大可搬运质量		8 kg
重复定位精度		±0.08 mm
运动范围	J1 轴（转座回转）	±170°
	J2 轴（下臂）	−110°～+155°
	J3 轴（上臂）	−165°～+255°
	J4 轴（手腕回转）	±200°
	J5 轴（手腕摆动）	+230°～−165°
	J6 轴（手腕回转）	±360°
运动速度	J1 轴	3.44 r/s，197°/s
	J2 轴	3.05 r/s，175°/s
	J3 轴	3.26 r/s，187°/s
	J4 轴	6.98 r/s，400°/s
	J5 轴	6.98 r/s，400°/s
	J6 轴	10.47 r/s，600°/s
容许力矩	J4 轴	11.8 N·m
	J5 轴	9.8 N·m
	J6 轴	5.9 N·m
	J4 轴	0.24 kg·m²
	J5 轴	0.17 kg·m²
	J6 轴	0.07 kg·m²
本体质量		128 kg

2. 掌握机器人各部分和动作轴名称（图4-16）。

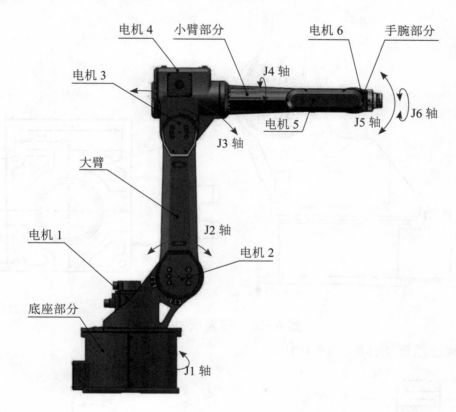

图 4-16　各轴名称图

3. 了解机器人外形尺寸和工作空间（图4-17）。

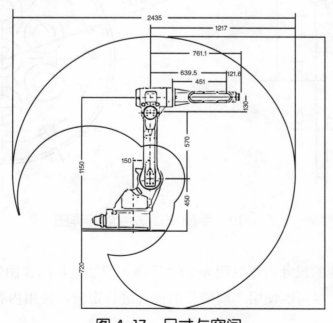

图 4-17　尺寸与空间

4. 机器人底座的安装尺寸（图 4-18）。

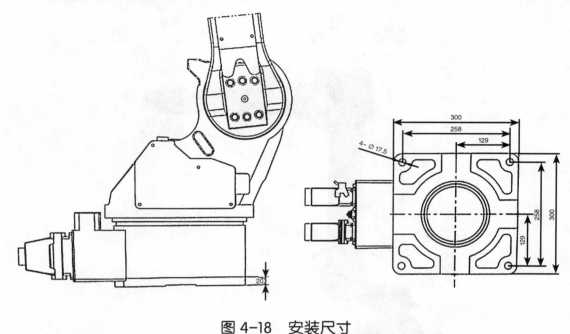

图 4-18　安装尺寸

5. 手腕末端法兰盘的详图（图 4-19）。

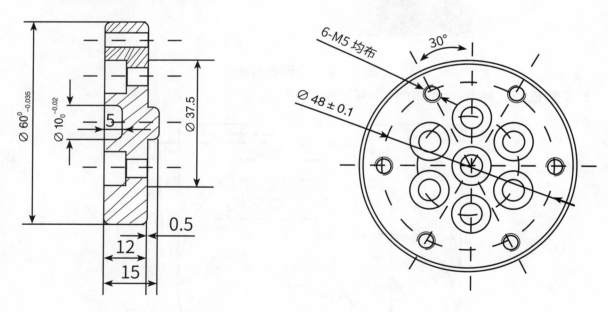

图 4-19　手腕末端法兰盘的详图

6. 轴手腕末端法兰的尺寸，详见图 4-19"手腕末端法兰盘的详图"。安装前端工具时，为能看到原点标记，应尽可能使用末端法兰的内孔进行定位。使用内孔和外圆定位时，配合深度不要超过 5 mm。

7. 安装位置（图 4-20）。

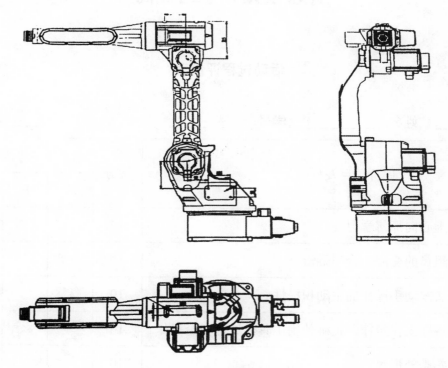

图 4-20　安装位置

任务实施

机器人轴方向见图 4-21。

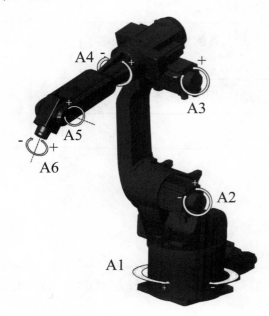

图 4-21　机器人轴方向

评价反馈，总结提高

活动过程评价表

班级：_____　　姓名：_____　　学号：_____　　　　_____年__月__日

评价项目及标准		配分	等级评定			
			A	B	C	D
学习态度	1. 虚心向师傅学习	10				
	2. 组员的交流、合作融洽	10				
	3. 实践动手操作的主动积极性	10				
操作规范	1. 遵守工作纪律，正确使用工具，注意安全操作	10				
	2. 熟悉外形尺寸	10				
	3. 了解安装位置	10				
	4. 熟悉法兰盘的作用	10				
	5. 认识机械手臂各轴的旋转方向	10				
	6. 对实习岗位卫生清洁、工具的整理保管及实习场所卫生清扫情况	10				
完成情况	在规定时间内，能较好地完成所有任务	10				
合计		100				
师傅总评						

等级评定：A：优（10）；B：好（8）；C：一般（6）；D：有待提高（4）

学习拓展，技能升华

要求：同学之间相互提问机器人工作空间范围，需要解释为什么。

典型任务指导书

岗位		
任务名称		
学习目标		
任务内容		
工作流程	任务框架	
	学习过程	
	自我评价	
	师傅评价	

课堂知识回顾

简答题

1. 何为机器人的本体？

_____

_____

_____

_____

_____

_____

2. 同学们观察下图机器人各轴的运行情况，简单叙述各轴运行的正方向。

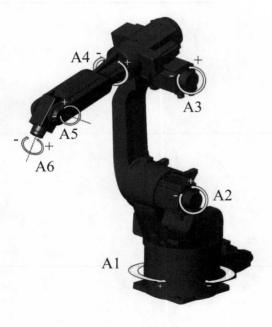

_____

_____

_____

_____

_____

_____

_____

_____

_____

_____

_____

_____

📖 章节学习记录

问题记录

1.在学习过程中遇到了什么问题？请记录下来。

_____

_____

_____

2.请分析问题产生的原因，并记录。

_____

_____

_____

3.如何解决问题？请记录解决问题的方法。

_____

_____

_____

4.请谈谈解决问题之后的心得体会。

_____

_____

_____

_____

_____

典型任务三：工业机器人拆卸实训基本准备工作

学习目标

知识目标：能够认识和区分伺服电机各个线束的职能，了解减速器加油、排油知识。
技能目标：能正确进行减速器的排油操作和伺服电机线束的拆卸及整理。

工作任务

任务描述：本任务为工业机器人本体拆卸做准备，排除油脂以减少对环境的污染，拆卸结束以避免影响后续任务的顺利进行。
操作人员：2 人。

知识准备

一、排油

由于在机器人运动过程中，机器人减速器必须在足够的油脂下才能够正常运行。所以需要控制好各个轴的减速器的油脂情况，J4 轴、J5 轴和 J6 轴减速器自带油脂，不需要排出。J1 轴、J2 轴和 J3 轴减速器需要排出油脂，J1 轴 A=400 ml，J2 轴 A=400 ml，J3 轴 A=360 ml。

（一）排油方法

（1）取下各轴出油口和进油口的螺钉；

（2）在进油口用气管向减速器里面吹气，用华数特制工具把油导出；

（3）当油脂吹出量非常少时，通过示教器转动 1 轴，继续往里面吹气，吹出油脂。

（二）注意事项

（1）油脂是 Nabtesco 公司制造的润滑脂，黄色，浓稠度高，在吹油脂的时候，戴上防护眼镜以防止溅到身体上或者眼睛里；

（2）在转动轴的时候，速度调慢。因为在吹出油脂的时候，减速器里面的油脂过少，高速转动易损坏减速器。

二、零点校对

零点校对指的是一种执行的操作，用于将每个机器人轴的角度与编码器计数值关联起来。零点校对的操作目的是获得对应于零位置的编码器计数值。

零点校对是在出厂前完成的。在日常操作中，一般没有必要执行零点校对操作。但是，在下述情况下，需要执行零点校对操作。

①更换马达；

②编码器更换或电池失效；

③减速器更换；

④电缆更换。

（一）零点校对方法

零点校对是一个比较复杂的过程，下面根据实际情况和客观条件，介绍零点标定的工具及方法，以及一些常见的问题和解决这些问题的方法。

1. 软件零点标定

需要采用激光跟踪仪建立机器人各关节坐标系，进行系统编码器读数置零，软件标定较为复杂，需要由专业人员进行操作。

2. 机械零点校对

（1）粗校对：转到两个零标块半圆槽对准的位置。

（2）将百分表（0～5 mm）插入零点标定工装，并拧紧工装上面的圆形螺母，使百分表不会从工装里脱落。

（3）将工装螺纹端旋入零标块螺纹处，轻微来回转动待标定轴，观察百分表，百分表读数最低点时即为零点。零点标定工装如图 4-22 所示。

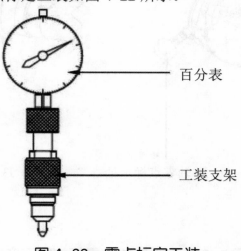

百分表

工装支架

图 4-22 零点标定工装

（二）各轴机械零点校对（图4-23、图4-24）

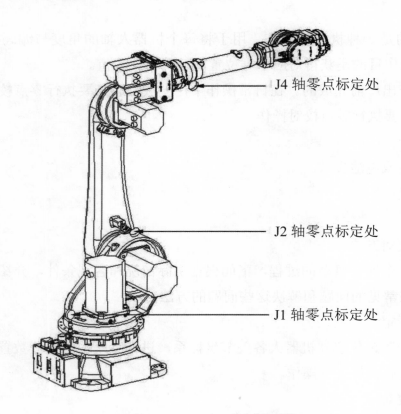

图 4-23　J1/J2/J4 零点标定处

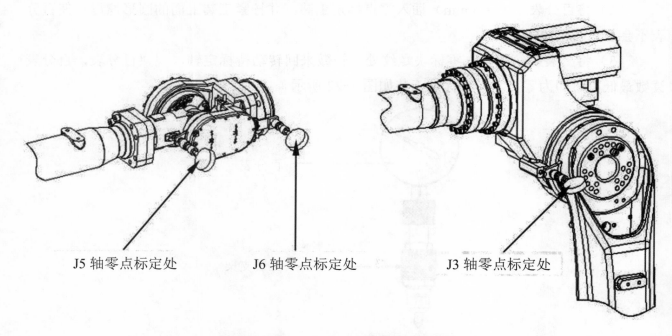

图 4-24　J3/J5/J6 轴零标位置示意图

任务实施

J2 轴排油步骤见表 4-6。

表 4-6　J2 轴排油步骤

序号	任务步骤	实施方法	工具	注意事项	备注
1	J2 轴排油		防护眼镜	注意油脂飞溅	
2	J3 轴排油		防护眼镜	注意油脂飞溅	
3	拆卸小臂侧盖（左、右）	先下后上		防止工件掉落	
4	拆卸电机底座防撞块及后盖				
5	拆卸波纹管上固定块（拔出气管，取出卡簧）		一字螺丝刀	注意保管卡簧，避免飞出	
6	拆卸大臂旋转固定块（上、下）				
7	线束退出		胶带	注意线束分散，保护接头	

评价反馈，总结提高

活动过程评价表

班级：_____　姓名：_____　学号：_____　　　_____年___月___日

评价项目及标准		配分	等级评定			
			A	B	C	D
学习态度	1. 虚心向师傅学习	10				
	2. 组员的交流、合作融洽	10				
	3. 实践动手操作的主动积极性	10				
操作规范	1. 排油工艺	10				
	2. 线束拆卸工艺	10				
	3. 波纹管拆卸工艺	10				
	4. 操作安全性	10				
	5. 完成时间（建议完成时间）	10				
	6. 对实习岗位卫生清洁、工具的整理保管及实习场所卫生清扫情况	10				
完成情况	在规定时间内，能较好地完成所有任务	10				
合计		100				
师傅总评						

等级评定：A：优（10）；B：好（8）；C：一般（6）；D：有待提高（4）

学习拓展，技能升华

通过梳理排油工艺过程笔记记录，总结工艺流程。

典型任务指导书

岗位		
任务名称		
学习目标		
任务内容		
工作流程	任务框架	
	学习过程	
	自我评价	
	师傅评价	

课堂知识回顾

一、判断题

1. 在工业机器人的拆卸实训中，所有的减速器都要进行排油处理，以减少拆卸环境的污染。 （   ）

2. 排油是在进油口用气管向减速器里面吹气，出油用华数特制工具把油导出。
（   ）

3. 当油脂吹出量非常小时，通过用手转动 1 轴，继续往里面吹气，吹出油脂。
（   ）

4. 在对机器人减速器进行排油时，要戴上防护眼镜以防止溅到身体上或者眼睛里。
（   ）

5. 因为在吹出油脂的时候，减速器里面的油脂过少，减速器可以高速运动。 （   ）

二、简答题

1. 在为机器人减速器排油前，各个轴的减速器的油脂情况是怎样的？

_____

_____

_____

_____

_____

_____

_____

2. 在机器人拆卸前的准备工作中，同学们要怎样将减速器中的润滑油排除？

_____

_____

_____

_____

_____

_____

3. 在拆卸工业机器人的工作中，如何安排先后顺序？

_____

_____

_____

_____

_____

_____

_____

_____

章节学习记录

问题记录

1. 在学习过程中遇到了什么问题？请记录下来。

_____

_____

_____

_____

2. 请分析问题产生的原因，并记录。

_____

_____

_____

_____

3. 如何解决问题？请记录解决问题的方法。

_____

_____

_____

_____

4. 请谈谈解决问题之后的心得体会。

_____

_____

_____

_____

_____

_____

典型任务四：J6 轴减速器及电机组合的拆卸

学习目标

知识目标：认知谐波减速器的结构，了解其工作原理。
技能目标：能正确进行谐波减速器的拆卸。

工作任务

任务描述：拆卸 J6 轴谐波减速器及伺服电机组合，认知和了解谐波减速器结构及工作原理。
操作人员：2 人。

知识准备

一、谐波减速器概述

谐波齿轮减速器由固定的内齿刚轮、柔轮和使柔轮发生径向变形的谐波发生器组成，具有高精度、高承载力等优点，和普通减速器相比，由于使用的材料少 50%，其体积及质量至少减少 1/3。

二、谐波减速器传动原理

谐波传动是利用柔性元件可控的弹性变形来传递运动和动力的，谐波传动机构包括三个基本构件：波发生器、柔轮、刚轮。三个构件实现差动转动。

当刚轮固定，波发生器为主动，柔轮为从动时：柔轮在椭圆凸轮作用下产生变形，在波发生器长轴两端处的柔轮轮齿与刚轮轮齿完全啮合；在短轴两端处的柔轮轮齿与刚轮轮齿完全脱开；在波发生器长轴与短轴之间，柔轮轮齿与刚轮轮齿有的处于半啮合状态，称为啮入；有的则逐渐退出啮合处于半脱开状态，称为啮出。由于波发生器的连续转动，使得啮入、完全啮合、啮出、完全脱开这四种情况依次变化，循环不已。由于柔轮比刚轮的齿数少 2，所以当波发生器转动一周时，柔轮向相反方向转过 2 个齿的角度，从而实现了大的减速比。

三、谐波减速器优缺点

（1）结构简单，体积小，重量轻。

（2）传动比大，传动比范围广。单级谐波减速器传动比可在 50 ～ 300。

（3）由于同时啮合的齿数多，齿面相对滑动速度低，使其承载能力高，传动平稳且精度高，噪声低。

（4）谐波齿轮传动的回差较小，齿侧间隙可以调整，甚至可实现零侧隙转动。

（5）传动效率较高，且在传动比很大的情况下，仍具有较高的效率。

（6）柔轮周期性变形，工作情况恶劣，从而易于疲劳损坏。

（7）柔轮和波发生器的制造难度较大，需要专门设备，给单位生产和维修造成了困难。

（8）传动比的下限值高，齿数不能太少，当波发生器为主动时，传动比一般不能小于 35。

四、谐波减速器拆装注意事项

（1）谐波减速器必须在足够清洁的环境下安装，安装过程中不能有任何异物进入减速器内部，以免使用过程中造成减速器的损坏。

（2）请确认减速器齿面及柔性轴承部分始终保持充分润滑。

（3）安装凸轮后，请确认柔轮与刚轮啮合是 180° 对称的，如偏向一边会引起震动并使柔轮很快损坏。

（4）安装完成后请先低速（100 r/min）运行，以避免因安装不正确造成减速器的损坏。

任务实施

表 4-7　J6 轴拆装步骤

序号	任务步骤	实施方法	工具	注意事项	备注
1	拆卸 J6 轴谐波减速器			轴向拔出	
2	拆卸 J6 轴谐波发生器			保鲜膜封装	
3	拆卸 J6 轴电机组合				

评价反馈，总结提高

活动过程评价表

班级: _____ 姓名: _____ 学号: _____　　　　　_____年___月___日

评价项目及标准		配分	等级评定			
			A	B	C	D
学习态度	1. 虚心向师傅学习	10				
	2. 组员的交流、合作融洽	10				
	3. 实践动手操作的主动积极性	10				
操作规范	1. 谐波减速器拆卸工艺	10				
	2. 谐波发生器拆卸工艺	10				
	3. 谐波减速器零件保存	10				
	4. 操作安全性	10				
	5. 完成时间（建议完成时间）	10				
	6. 对实习岗位卫生清洁、工具的整理保管及实习场所卫生清扫情况	10				
完成情况	在规定时间内，能较好地完成所有任务	10				
合计		100				
师傅总评						

等级评定：A：优（10）；B：好（8）；C：一般（6）；D：有待提高（4）

学习拓展，技能升华

通过梳理 J6 轴拆装工艺笔记记录，总结工艺流程。

典型任务指导书

岗位		
任务名称		
学习目标		
任务内容		
工作流程	任务框架	
	学习过程	
	自我评价	
	师傅评价	

课堂知识回顾

一、填空题

1. 谐波传动是利用柔性元件可控的弹性变形来传递运动和动力的，谐波传动包括三个基本构建：_____、_____和_____。

2. 在波发生器长轴与短轴之间，柔轮轮齿与刚轮轮齿有的处于半啮合状态，称为_____。

3. 有的则逐渐退出啮合处于半脱开状态，称为_____。

4. 柔轮周期性变形，工作情况恶劣，从而易于_____。

5. 安装完成后请先_____运行，以避免因安装不正确造成减速器的损坏。

二、简答题

1. 说说你了解的谐波减速器有什么特点。

_____

_____

_____

_____

_____

_____

_____

_____

2. 谐波减速器的传动原理是什么？

_____

_____

_____

_____

_____

_____

_____

3. 谐波减速器优缺点有哪些？

_____

_____

_____

_____

_____

_____

_____

4. 在谐波减速器安装过程中，同学们要注意些什么？

_____

_____

_____

_____

_____

_____

_____

5. 写出 J6 轴电机的拆装步骤。

_____

_____

_____

_____

_____

_____

_____

章节学习记录

问题记录

1. 在学习过程中遇到了什么问题？请记录下来。

_____

_____

_____

_____

2. 请分析问题产生的原因，并记录。

_____

_____

_____

_____

3. 如何解决问题？请记录解决问题的方法。

_____

_____

_____

_____

4. 请谈谈解决问题之后的心得体会。

_____

_____

_____

_____

_____

_____

典型任务五：J5 轴减速器及电机组合的拆卸

学习目标

知识目标：掌握紧配合零部件拆卸方法，了解同步带传动原理和特点。

技能目标：能正确拆卸 J5 轴轴承支撑套。

工作任务

任务描述：拆卸 J5 轴电机组件及传动组件，拆卸谐波减速器及手腕结构。

操作人员：2 人。

任务实施

J5 轴拆装步骤见表 4-8。

表 4-8　J5 轴拆装步骤

序号	任务步骤	实施方法	工具	注意事项	备注
1	松皮带预紧螺栓				
2	松 J5 轴电机板，取出同步带				
3	取出 J5 轴电机组合				

续 表

序号	任务步骤	实施方法	工具	注意事项	备注
4	拆卸 J5 轴轴承支撑套	螺栓顶出		拆后用细砂纸磨平损伤面	
5	拆卸 J5 轴手腕内侧减速器螺栓		加长内六角扳手		
6	拆卸 J5 轴手腕外侧减速器螺栓				
7	取出手腕体和 J5 轴减速器			防止手腕体掉落	

评价反馈，总结提高

活动过程评价表

班级：_____ 姓名：_____ 学号：_____ _____年___月___日

评价项目及标准		配分	等级评定			
			A	B	C	D
学习态度	1. 虚心向师傅学习	10				
	2. 组员的交流、合作融洽	10				
	3. 实践动手操作的主动积极性	10				
操作规范	1. 轴承支撑套拆卸工艺	10				
	2. 同步带拆卸工艺	10				
	3. 减速器拆卸工艺	10				
	4. 操作安全性	10				
	5. 完成时间（建议完成时间）	10				
	6. 对实习岗位卫生清洁、工具的整理保管及实习场所卫生清扫情况	10				
完成情况	在规定时间内，能较好地完成所有任务	10				
合计		100				
师傅总评						

等级评定：A：优（10）；B：好（8）；C：一般（6）；D：有待提高（4）

学习拓展，技能升华

通过梳理 J5 轴拆装工艺笔记记录，总结工艺流程。

典型任务指导书

岗位		
任务名称		
学习目标		
任务内容		
工作流程	任务框架	
	学习过程	
	自我评价	
	师傅评价	

课堂知识回顾

简答题

1. 简单说说你拆卸 J5 轴电机组件及传动组件的过程。

_____

_____

_____

_____

_____

_____

2. 简单说说你拆卸谐波减速器及手腕结构的过程。

_____

_____

_____

_____

_____

_____

_____

章节学习记录

问题记录

1. 在学习过程中遇到了什么问题？请记录下来。

_____

_____

_____

_____

2. 请分析问题产生的原因，并记录。

_____

_____

_____

_____

3. 如何解决问题？请记录解决问题的方法。

_____

_____

_____

_____

4. 请谈谈解决问题之后的心得体会。

_____

_____

_____

_____

_____

_____

_____

典型任务六：小臂及 J4 轴减速器和电机组合的拆卸

学习目标

知识目标：掌握大重量部件的拆卸方法。

技能目标：能安全地拆卸小臂。

工作任务

任务描述：拆卸机器人小臂及 J4 轴谐波减速器和伺服电机组合。

操作人员：2 人。

任务实施

拆装流程图见表 4-9。

表 4-9　拆装流程图

序号	任务步骤	实施方法	工具	注意事项	备注
1	拆卸小臂	先下后上		注意防止小臂掉落	
2	拆卸 J4 轴皮带预紧螺钉（J3-J4 轴电机座顶平面）				

序号	任务步骤	实施方法	工具	注意事项	备注
3	拆卸 J4 轴电机组合				
4	拆卸 J4 轴减速器				

评价反馈，总结提高

活动过程评价表

班级：_____ 姓名：_____ 学号：_____ _____年___月___日

评价项目及标准		配分	等级评定			
			A	B	C	D
学习态度	1. 虚心向师傅学习	10				
	2. 组员的交流、合作融洽	10				
	3. 实践动手操作的主动积极性	10				
操作规范	1. 电机组合拆卸工艺	10				
	2. 减速器拆卸工艺	10				
	3. 小臂的吊装工艺	10				
	4. 操作安全性	10				
	5. 完成时间（建议完成时间）	10				
	6. 对实习岗位卫生清洁、工具的整理保管及实习场所卫生清扫情况	10				
完成情况	在规定时间内，能较好地完成所有任务	10				
合计		100				
师傅总评						

等级评定：A：优（10）；B：好（8）；C：一般（6）；D：有待提高（4）

学习拓展，技能升华

通过梳理 J4 轴拆装工艺笔记记录，总结工艺流程。

典型任务指导书

岗位		
任务名称		
学习目标		
任务内容		
工作流程	任务框架	
	学习过程	
	自我评价	
	师傅评价	

课堂知识回顾

简答题

1. 简单说说你拆卸机器人小臂的过程。

_____

_____

_____

_____

_____

_____

2. 简单说说你拆卸 J4 轴谐波减速器和伺服电机组合的过程。

_____

_____

_____

_____

_____

_____

_____

章节学习记录

问题记录

1. 在学习过程中遇到了什么问题？请记录下来。

_____

_____

_____

2. 请分析问题产生的原因，并记录。

_____

_____

_____

3. 如何解决问题？请记录解决问题的方法。

_____

_____

_____

4. 请谈谈解决问题之后的心得体会。

_____

_____

_____

_____

_____

典型任务七：J3 轴减速器及电机组合的拆卸

学习目标

知识目标：掌握大重量部件的吊装技巧和 B 桌工装的使用方法，了解 RV 减速器结构及密封知识。

技能目标：能正确拆卸打过密封胶的伺服电机，会清理密封表面。

工作任务

任务描述：拆卸 J3-J4 轴机座，拆卸 J3 轴伺服电机和减速器。

操作人员：2 人。

知识准备

一、RV 减速器传动特点

RV 减速器传动作为一种新型传动，从结构上看，其基本特点可以概括如下：

（1）如果传动机构置与行星架的支持主轴承内，那么这种传动的轴向尺寸可大大缩小。

（2）采用二级减速机构，处于低速级的摆线针轮行星传动更加平稳，同时由于转臂轴承个数增多且内外环相对转速下降，其寿命也可大大提高。

（3）只要设计合理，就可以获得很高的运动精度和很小的回差。

（4）RV 减速器转动的输出机构是采用两端支撑的尽可能大的刚性圆盘输出结构，比一般摆线减速器的输出机构具有更大的刚度，且抗冲击性能也有很大提高。

（5）传动比范围大。因为即使摆线齿数不变，只改变渐开线齿数就可以得到很多的速度比，其传动比 $i = 31 ： 171$。

（6）传动效率高，其传动效率 $\eta = 0.85 ： 0.92$。

二、RV 减速器装配规程

（1）固定输出轴螺栓 M8（12.9 级），先等边三角形带入螺栓，通过扭力扳手等边三角形拧紧，扭力值（37.2±1.86）N•m。

（2）在安装上请务必使用液态密封胶，使用密封剂时注意密封剂的量。不要太多让密封剂流入减速器内部，也不要太少使得密封不良。

（3）固定安装座螺栓 M14（12.9 级），先对角带入螺栓，通过扭力扳手对角拎紧，扭力值（204.8±10.2）N•m。

（4）安装输入齿轮，输入正齿轮轴或电机主轴与减速器的同轴度误差≤ 0.03 mm。

（5）装配 RV-40E 输出齿轮时要注意正齿轮是 2 枚。装配输入齿轮时请特别注意，输入齿轮要径直插入。与正齿轮的相位不相吻合时，请沿圆周方向稍稍变换角度插入，并确认电机法兰面是否不倾斜而紧密接触。此时严禁用螺栓等拧进。法兰面不可倾斜。

（6）RV 减速器润滑。RV 减速器在出厂时未填充润滑脂，为了充分发挥 RV-E 型减速器的性能，建议使用 Nabtesco 公司制造的润滑脂、MolywhiteREOO。

（7）减速器内的润滑脂用量。显示减速器内所需的封入量。不含与安装侧之间的空间。因此，有空间时请将其填充。此外，过度填充可能会使内部气压升高，进而损坏油封，因此请确保占全部体积 10% 左右的空间。

减速器的润滑脂标准更换时间为 20 000 h。润滑剂更换时要注意步骤和初次一样。加入油脂的时候，不要把灰尘和杂物灌入减速器内。

三、减速器安装注意事项

（1）在输入、输出轴端应正确使用油封，在输出端因结构原因不能使用 O 形圈的，应在结合平面之间使用指定的液体密封胶。

（2）注意每个螺栓都用规定的转矩拧紧，并建议在用内六角螺栓时用碟形弹簧垫圈。

（3）RV-E 型减速器，请使用内六角螺栓，按紧固转矩进行紧固。另外，使用输出轴销并用紧固型时，请并用销（锥形销）。另外，为了防止内六角螺栓的松动以及螺栓座面的擦伤，建议使用内六角螺栓时用碟簧垫圈。

（4）相连接部件为钢、铸铁时，需要按照扭力表中的固定力数据使用。固定螺栓时要对所有螺栓均匀施力。如使用铝等较软的金属材质时，防止螺纹座损坏，推荐加金属垫和螺纹套。

任务实施

J3 轴拆装步骤见表 4-10。

表 4-10 J3 轴拆装步骤

序号	任务步骤	实施方法	工具	注意事项	备注
1	拆卸 J3-J4 轴电机座，放 B 桌工装上，用螺栓固定	吊装		注意固定方向	
2	拆卸 J3 轴伺服电机				
3	拆卸 J3 轴减速器				
4	拆卸大臂	吊装		保存密封圈	

评价反馈，总结提高

活动过程评价表

班级：_____　姓名：_____　学号：_____　　　　_____年__月__日

评价项目及标准		配分	等级评定			
			A	B	C	D
学习态度	1.虚心向师傅学习	10				
	2.组员的交流、合作融洽	10				
	3.实践动手操作的主动积极性	10				
操作规范	1.减速器拆卸工艺	10				
	2.伺服电机拆卸工艺	10				
	3.大臂的吊装工艺	10				
	4.操作安全性	10				
	5.完成时间（建议完成时间）	10				
	6.对实习岗位卫生清洁、工具的整理保管及实习场所卫生清扫情况	10				
完成情况	在规定时间内，能较好地完成所有任务	10				
合计		100				
师傅总评						

等级评定：A：优（10）；B：好（8）；C：一般（6）；D：有待提高（4）

学习拓展，技能升华

通过梳理 J3 轴拆装工艺笔记记录，总结工艺流程。

典型任务指导书

岗位		
任务名称		
学习目标		
任务内容		
工作流程	任务框架	
	学习过程	
	自我评价	
	师傅评价	

课堂知识回顾

一、填空题

1. J3 轴减速器采用＿＿＿＿＿＿机构，其中处于低速级的摆线针轮的＿＿＿＿＿＿传动更加平稳，同时由于转臂轴承个数增多且内外环相对转速下降，其寿命也可大大提高。

2. 在安装上请务必使用＿＿＿＿＿＿密封胶，使用密封剂时注意密封剂的量。不要太多让密封剂流入减速器内部，也不要太少使得密封不良。

3. RV 减速器在出厂时未填充＿＿＿＿＿＿，为了充分发挥 RV-E 型减速器的性能，建议使用 Nabtesco 公司制造的润滑脂、MolywhiteREOO。

4. 润滑脂过度填充可能会使内部气压升高，进而损坏油封，因此请确保占全部体积＿＿＿＿＿＿左右的空间。

5. 固定螺栓时要对所有螺栓＿＿＿＿＿＿施力。如使用铝等较软的金属材质时，为防止螺纹座损坏，推荐加金属垫和螺纹套。

二、简答题

1. RV 减速器传动作为一种新型传动，其基本特点是什么？

_____

_____

_____

_____

_____

_____

_____

2. 什么是 RV 减速器安装规程？

_____

_____

_____

_____

3. 怎样对 RV 减速器进行润滑？

4. 在减速器的安装过程中，要注意些什么？

5. 简单说说你拆卸 J3 轴减速器的过程。

6.简单说说你拆卸电机组合的过程。

_____

_____

_____

_____

_____

_____

_____

_____

章节学习记录

问题记录

1. 在学习过程中遇到了什么问题？请记录下来。

2. 请分析问题产生的原因，并记录。

3. 如何解决问题？请记录解决问题的方法。

4. 请谈谈解决问题之后的心得体会。

典型任务八：J2 轴减速器与 J1 轴减速器及电机组合的拆卸

学习目标

知识目标：掌握 A 桌工装的使用方法，了解装配环境对产品质量的影响。

技能目标：

1. 掌握扭力扳手的使用方法。

2. 能正确拆分转座和底座，会对装配面进行防尘保护。

工作任务

任务描述：拆卸 J2 轴伺服电机和减速器；吊装底座和转座与 A 桌工装，拆卸 J1 轴减速器和电机组合，检查电池，并用保鲜膜包裹所有重要装配面，进行防尘保护。

操作人员：2 人

任务实施

J2 轴拆装步骤见表 4-11。

表 4-11 J2 轴拆装步骤

序号	任务步骤	实施方法	工具	注意事项	备注
1	拆卸 J2 轴伺服电机				
2	拆卸 J2 轴减速器				
3	拆卸底座固定螺栓				
4	起吊底座放 A 桌工装，用螺栓固定	吊装		注意方向	

序号	任务步骤	实施方法	工具	注意事项	备注
5	排油		防护眼镜	注意油脂飞溅	
6	拆卸 J1 轴伺服电机				
7	拆卸 J1 轴减速器螺栓			注意转座掉落	
8	起吊转座 15 cm 左右，拆卸线束固定块			注意起吊高度	
9	吊装转座于 A 桌工装转配处	吊装			
10	拆卸 J1 轴减速器				
11	检测各个电池				
12	保鲜膜包裹各部件装配面				

评价反馈，总结提高

活动过程评价表

班级：_____ 姓名：_____ 学号：_____ _____年___月___日

评价项目及标准		配分	等级评定			
			A	B	C	D
学习态度	1. 虚心向师傅学习	10				
	2. 组员的交流、合作融洽	10				
	3. 实践动手操作的主动积极性	10				
操作规范	1. 底座吊装工艺	10				
	2. A 桌工装使用	10				
	3. 线束固定块的拆卸工艺	10				
	4. 操作安全性	10				
	5. 完成时间（建议完成时间）	10				
	6. 对实习岗位卫生清洁、工具的整理保管及实习场所卫生清扫情况	10				
完成情况	在规定时间内，能较好地完成所有任务	10				
合计		100				
师傅总评						

等级评定：A：优（10）；B：好（8）；C：一般（6）；D：有待提高（4）

学习拓展，技能升华

通过梳理 J2 轴与 J1 轴拆装工艺笔记记录，总结工艺流程。

典型任务指导书

岗位		
任务名称		
学习目标		
任务内容		
工作流程	任务框架	
	学习过程	
	自我评价	
	师傅评价	

课堂知识回顾

简答题

1. 简单说说扭力扳手的使用方法。

_____

_____

_____

_____

_____

_____

_____

_____

2. 怎样使用吊装设备对底座和转座与 A 桌进行工装？

_____

_____

_____

_____

_____

_____

_____

_____

3. 在拆分完转座和底座后，如何对装配面进行防尘保护？

_____

_____

_____

_____

_____

_____

_____

4. 简单说说 J2 轴与 J1 轴减速器及电机组合的拆卸步骤。

_____

_____

_____

_____

_____

_____

_____

_____

章节学习记录

问题记录

1. 在学习过程中遇到了什么问题？请记录下来。

_____

_____

_____

_____

2. 请分析问题产生的原因，并记录。

_____

_____

_____

_____

3. 如何解决问题？请记录解决问题的方法。

_____

_____

_____

_____

4. 请谈谈解决问题之后的心得体会。

_____

_____

_____

_____

_____

_____

「第五章」

机器人的检修与维护

机器人的检修与维护

为了使机器人能够长期保持较高的性能，必须进行维修检查。

检修分为日常检修和定期检修，检查人员必须编制检修计划并切实进行检修。

另外，必须以每工作 40 000 h 或每 8 年之中较短的时间为周期进行大修。检修周期以点焊作业为基础制定。装卸等使用频率较高的作业建议按照约 1/2 的周期实施检修及大修。

此外，检修和调整方法不明时，请联系专业的服务部门。

一、预防性维护

按照本章介绍的方法，执行定期维护步骤，能够保持机器人的最佳性能。

（一）日常检查（表 5-1）

表 5-1　日常检查表

序号	检查项目	检查点
1	异响检查	检查各传动机构是否有异常噪声
2	干涉检查	检查各传动机构是否运转平稳，有无异常抖动
3	风冷检查	检查控制柜后风扇是否通风顺畅
4	管线附件检查	是否完整齐全，是否磨损，有无锈蚀
5	外围电气附件检查	检查机器人外部线路，按钮是否正常
6	泄漏检查	检查润滑油供排油口处有无泄漏润滑油

（二）每季度检查（表5-2）

表5-2 季度检查表

序号	检查项目	检查点
1	控制单元电缆	检查示教器电缆是否存在不恰当扭曲
2	控制单元的通风单元	如果通风单元脏了，切断电源，清理通风单元
3	机械单元中的电缆	检查机械单元插座是否损坏，弯曲是否异常，检查马达连接器和航插是否连接可靠
4	各部件的清洁和检修	检查部件是否存在问题，并处理
5	外部主要螺钉的紧固	上紧末端执行器螺钉、外部主要螺钉

（三）每年检查（表5-3）

表5-3 年检查表

序号	检查项目	检查点
1	润滑平衡缸轴	对平衡缸轴进行润滑
2	各部件的清洁和检修	检查部件是否存在问题，并处理
3	外部主要螺钉的紧固	上紧末端执行器螺钉、外部主要螺钉

（四）每3年检查（表5-4）

表5-4 每3年检查表

序号	检查项目	检查点
1	减速器、齿轮箱的润滑油	按照润滑要求进行更换
2	手腕部件润滑油	按照润滑要求进行更换

注释：

①关于清洁部位，主要是平衡缸连接处、轴杆周围、机械手腕油封处，清洁切削和飞溅物。

②关于紧固部位，应紧固末端执行器安装螺钉、机器人设置螺钉、因检修等而拆卸的螺钉。

应紧固露出于机器人外部的所有螺钉（有关安装力矩，请参阅螺钉拧紧力矩表）并涂相应的紧固胶或者密封胶。

二、主要螺栓的检修（表 5-5）

表 5-5 主要螺钉检查部位

序号	检查部位	序号	检查部位
1	机器人安装用	6	J5 轴马达安装用
2	J1 轴马达安装用	7	J6 轴马达安装用
3	J2 轴马达安装用	8	手腕部件安装用
4	J3 轴马达安装用	9	末端负载安装用
5	J4 轴马达安装用		

根据使用要求，更换零部件中进行螺钉的拧紧和更换，必须用扭矩扳手以正确扭矩紧固后，再行涂漆固定此处，应注意未松动的螺栓不得以所需以上的扭矩进行紧固。

三、润滑油的检查

每运转 5 000 h 或每隔 1 年（装卸用途时则为每运转 2 500 h 或每隔半年），请测量减速器的润滑油铁粉浓度。超出标准值时，有必要更换润滑油或减速器，请联系专业服务中心。检修需要准备：

（1）必需的工具等；

（2）润滑油铁粉浓度计；

（3）推荐润滑油铁粉浓度计使用出光兴产制造的，型号 OM-810；

（4）润滑油枪（喷嘴直径 ϕ17 mm 以下，带供油量确认计数功能）。

检修时，如果必要数量以上的润滑油流出了机体外时，请使用润滑油枪对流出部分进行补充。此时，所使用的润滑油枪的喷嘴直径应为 ϕ17 mm 以下。补充的润滑油量比流出量更多检时，可能会导致润滑油渗漏或机器人动作时的轨迹不良等，应加以注意。

检修或加油完成后，为了防止漏油，在润滑油管接头及带孔插塞处务必缠上密封胶带再进行安装。

有必要使用能明确加油量的润滑油枪。无法准备到能明确加油量的油枪时，通过测量加油前后润滑油重量的变化，对润滑油的加油量进行确认。

机器人刚刚停止的短时间内，内部压力上升时，在拆下检修口螺塞的一瞬间，润滑油可能会喷出。

四、更换润滑油

机器人保养需按照规定定期进行润滑和检修以保证效率。

（一）润滑油供油量

J1/J2/J3/J4 轴减速器、马达座齿轮箱和手腕部件润滑油，必须按照（三）中步骤每运转 20 000 h 或每隔 4 年（用于装卸时则为每运转 10 000 h 或每隔 2 年）应更换润滑油。表 5-6 为指定润滑油和供油量。

表 5-6　更换润滑油油量表

提供位置	加油量	润滑油名称	备注
J1 轴减速器	1000 ml		
J2 轴减速器	750 ml		急速上油会引起油仓内的压力上升，使密封圈开裂，而导致润滑油渗漏，供油速度应控制在每 10 S 40 ml 以下。
J3 轴减速器	1030 ml	MolyWhite RE No.00	
马达座齿轮箱	2400 ml		
手腕体部分	130 ml		
手腕连接体	200 ml		

（二）润滑的空间方位

对于润滑油更换或补充操作，建议使用表 5-7 给出的方位。

表 5-7　润滑方位

供给位置	方位					
	J1	J2	J3	J4	J5	J6
J1 轴减速器		任意	任意			
J2 轴减速器		0°				
J3 轴减速器	任意	0°	0°	任意	任意	任意
马达座齿轮箱		0°	0°			
J4 轴减速器						
手腕体		任意	任意	0°	0°	0°
手腕连接体						

（三）J1/J2/J3/J4 轴减速器、马达座齿轮箱的润滑油更换步骤

（1）将机器人移动到表 5-7 所介绍的润滑位置；

（2）切断电源；

（3）移去润滑油供排口的内六角螺栓 M10X1；

（4）提供新的润滑油，直至新的润滑油从排油口流出；

（5）将内六角螺栓装到润滑油供排口上；

（6）供油后，按照步骤释放润滑油槽内残压。见图 5-1、图 5-2。

（四）手腕部件的润滑油更换步骤

（1）将机器人移动到表 5-7 所介绍的润滑位置；

（2）切断电源；

（3）移去手腕体（J5/J6 轴）润滑油供口的内六角螺栓 M10X1；

（4）移去末端法兰（J5/J6 轴）润滑油排油口的内六角螺栓 M6X1；

（5）通过手腕体（J5/J6 轴）润滑油供油口提供新的润滑油脂，直至润滑油不能打入；

（6）将内六角螺栓装到手腕体（J5/J6 轴）润滑油供油口上；

（7）将内六角螺栓装到末端法兰（J5/J6 轴）润滑油排油口上。见图 5-3。

注释：手腕部件共三个润滑油供排口，且三个口是相通的，因此施加润滑油时在手腕体润滑油供油口在末端法兰处出油，手腕连接体上的供油口是备用的。

如果未能正确执行润滑操作，润滑腔体的内部压力可能会突然增加，有可能损坏密封部分，而导致润滑油泄漏和异常操作。因此，在执行润滑操作时，请遵守下述事项：

执行润滑操作前，打开排油口（移去排油的插头或螺栓）。

①缓慢地提供润滑油，供油速度应控制在 40 ml/10s 以下，不要过于用力，必须使用可明确加油量的润滑油枪。没有能明确加油量的油枪时，应通过测量加油前后的润滑油重量的变化，对润滑油的加油量进行确认。

②如果供油没有达到要求的量，可用供气用精密调节器挤出腔中气体再进行供油，气压应使用调节器控制在最大 0.025 MPa 以下。

③仅使用指定类型的润滑油。如果使用了指定类型之外的其他润滑油，可能会损坏减速器或导致其他问题。

④供油后安装内六角螺栓时注意密封胶带，以免又在进出油口处漏油。

⑤为了避免因滑倒导致的意外，应将地面和机器人上的多余润滑油彻底清除。

⑥供油后，按照步骤释放润滑油槽内残压后安装内六角螺栓，注意缠绕密封胶带，以免油脂供排油口处泄漏。

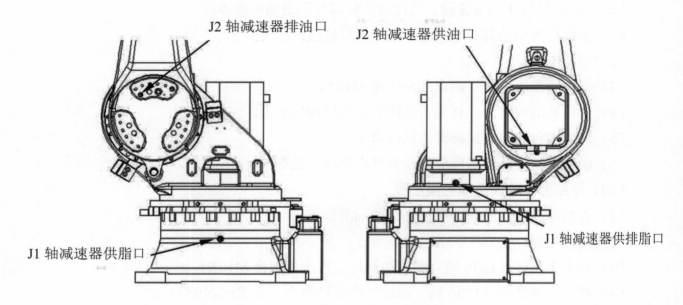

J2 轴减速器排油口　　　　　J2 轴减速器供油口

J1 轴减速器供脂口

J1 轴减速器供排脂口

图 5-1　更换润滑油，J1/J2 轴减速器

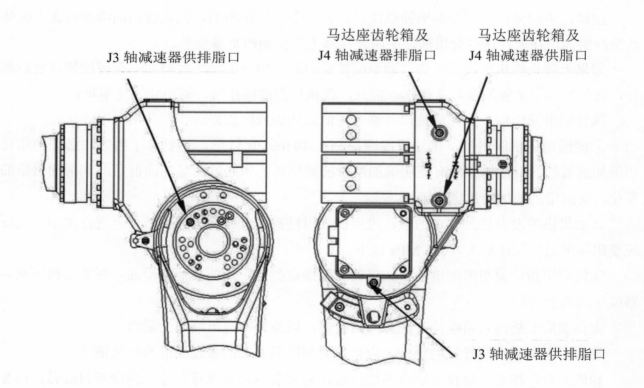

J3 轴减速器供排脂口

马达座齿轮箱及　　　马达座齿轮箱及
J4 轴减速器排脂口　　J4 轴减速器供脂口

J3 轴减速器供排脂口

图 5-2　更换润滑油，J3/J4 轴减速器和马达座齿轮箱

手腕体（J5 轴、J6 轴）供脂口　　　　　　　　　手腕体（J5 轴、J6 轴）排脂口

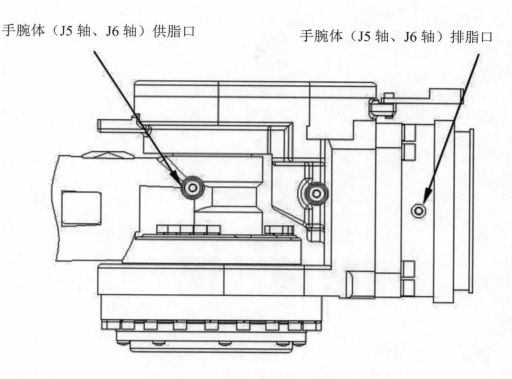

图 5-3　更换手腕部件润滑油

注释：所需工具等

润滑油枪（带供油量检查计数功能）；

供油用接头 [M10×1]（1 个）；

供油用软管 [∅8×1m]（1 根）；

供气用精密调节器（1 个）（MAX0.2 MPa，可以 0.01 MPa 刻度微调）；

气源；

重量计（测量润滑油重量）；

密封胶带。

（五）释放润滑油槽内残压

供油后，为了释放润滑槽内的残压，应适当操作机器人。此时，在供润滑油进出口下安装回收袋，以避免流出来的润滑油飞散。

为了释放残压，在开启排油口的状态下，J1 轴在 ±30° 范围内，J2/J3 轴在 ±5° 范围内，J4 轴及 J5/J6 轴在 ±30° 范围内反复动作 20 min 以上，速度控制在低速运动状态。

由于周围的情况而不能执行上述动作时，应使机器人运转同等次数（轴角度只能取一半的情况下，应使机器人运转原来的 2 倍时间），上述动作结束后，将排油口上安装好密封螺塞（缠绕密封胶带）。

「第六章」

故障处理

⚙ 故障处理

一、调查故障原因的方法

机器人设计上要求即使发生异常情况，也可以立即检测出异常，并立即停止运行。即便如此，由于仍然处于危险状态下，绝对禁止继续运行。

机器人的故障有如下情况。

①一旦发生故障，直到修理完毕不能运行的故障。

②发生故障后，放置一段时间后，又可以恢复运行的故障。

③即使发生故障，只要使电源 OFF，则又可以运行的故障。

④即使发生故障，立即就可以再次运行的故障。

⑤非机器人本身，而是系统侧的故障导致机器人异常动作的故障。

⑥因机器人侧的故障，导致系统侧异常动作的故障。

尤其是②③④的情况，肯定会再次发生故障。而且，在复杂的系统中，即使熟练的工程师也经常不能轻易找到故障原因。

因此，在出现故障时，请勿继续运转，应立即联系接受过规定培训的保全作业人员，由其实施故障原因的查明和修理。此外，应将这些内容放入作业规定中，并建立可以切实执行的安整体系。否则，会导致事故发生。

机器人动作、运转发生某种异常时，如果不是控制装置出现异常，就应考虑是因机械部件损坏所导致的异常。为了迅速排除故障，首先需要明确掌握现象，并判断是因什么部件出现问题而导致的异常。

第一步　哪一个轴出现了异常？

首先要了解是哪一个轴出现异常现象。如果没有明显异常动作而难以判断时，应检查：

有无发出异常声音的部位；

有无异常发热的部位；

有无出现间隙的部位。

第二步　哪一个部件有损坏情况？

判明发生异常的轴后，应调查哪一个部件是导致异常发生的原因。一种现象可能是由多个部件导致的。故障现象和原因如表 6-1 所示。

第三步　问题部件的处理

判明出现问题的部件后，进行处理时，有些问题用户可以自行处理，但对于难以处理的问题，请联系专业服务部门。

二、故障现象和原因

如表 6-1 所示，一种故障现象可能是因多个不同部件导致的。因此，为了判明是哪一个部件损坏，请参考表 6-1 所示的内容。

表 6-1　故障现象和原因

原因部件、故障说明	减速器	马达
过载①	○	○
位置偏差	○	○
发生异响	○	○
运动时振动②	○	○
停止时晃动③		○
轴自然掉落	○	○
异常发热	○	○
误动作、失控		

①负载超出马达额定规格范围时出现的现象。

②动作时的振动现象。

③停机时在停机位置周围反复晃动数次的现象。

三、各个零部件的检查方法及处理方法

（一）减速器

减速器损坏时会产生振动、异常声音。此时，会妨碍正常运转，导致过载、偏差异常，出现异常发热现象。此外，还会出现完全无法动作及位置偏差。

1. 检查方法

检查润滑油中铁粉量：润滑油中的铁粉量增加浓度在 1000 ppm 以上时则有内部破损的可能性。

[每运转 5 000 h 或每隔 1 年（装卸用途时则为每运转 2 500 h 或每隔半年），请测量减速器的润滑油铁粉浓度。超出标准值时，有必要更换润滑油或减速器，请联系专业服务中心。]

检查减速器温度：温度较通常运转上升 10° 时基本可判断减速器已损坏。

2. 处理方法

请更换减速器。由于更换减速器比较复杂，需更换时请联系专业服务部门。

（二）马达

马达异常时，会出现停机时晃动、运转时振动等动作异常现象。此外，还会出现异常发热和异常声音等情况。由于出现的现象与减速器损坏时的现象相同，很难判定原因出在哪里，因此，应同时进行减速器和平衡缸部件的检查。

1. 调查方法

检查有无异常声音、异常发热现象。

2. 处理方法

更换马达。

四、本体管线包的维护

对于底座到马达座这一部分，管线包运动幅度比较小，主要是大臂和马达座连接处，这一部分随着机器人的运动，会和本体有相对运动，如果管线包和本体周期性的接触摩擦，可添加防撞球或者在摩擦部分包裹防摩擦布来保证管线包不在短时间内磨破或者是开裂，添加防撞球的位置由现场应用人员根据具体工位来安装确定。

五、管线包的更换

管线包经过长时间的与机械本体摩擦，势必会导致波纹管出现破裂的情况或者是即将破损的情况，在机器人的工作中，这种情况是不允许的。如果出现上述情况，最好提前更换波纹管（可在不生产时更换），更换步骤为：

①确定所用更换的管线包里的所有线缆，松开这些线缆的接头或者是连接处；

②松开所用管夹，取下波纹管（这时要注意对管夹固定的波纹管处要做好标记），将线缆从管线包中抽出；

③截取相同长度的同样规格的管线，同样在相同的位置做好标记，目的是安装方便；

④将所有线缆穿入新替换的管线中；

⑤将穿入线缆的管线包安装到机械本体上（注意做标记的位置）；
⑥做好各种线缆接头并连接固定。

六、维护区域

在图 6-1 中给出了机械单元的维护区域，同时为校对的机器人留下足够的校对区域（单位：mm）。

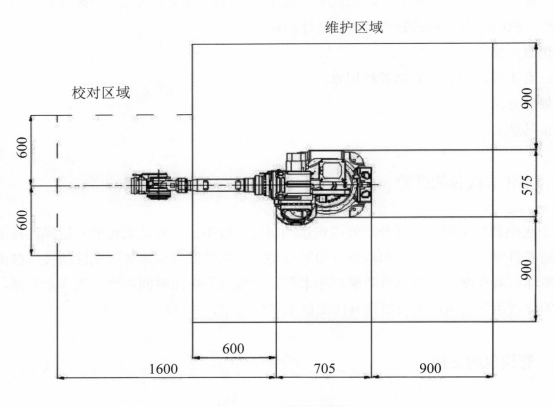

图 6-1　维护区域

『第七章』

机器人拆装工作页

岗位介绍

工业机器人拆装人员，主要负责严格把控机器人质量关卡，认真执行质量方针，努力实现质量目标，按照作业指导书规格进行现场作业，确保机器人能够正常运行。

岗位目标

熟悉工业机器人各轴的拆装方法，掌握各轴的检验方法和更换夹具，学会机器人机械故障的检修，为工业机器人的运行提供保障。日常保养、任务确认书以及交接班记录等文案的填写，配合与协助相关部门的本职工作。

工作地点

自动化生产线车间。

岗位任务

典型任务一：低压电器基础知识
典型任务二：工业机器人电气系统与连接
典型任务三：电机驱动器设置与线路拆装
典型任务四：工业机器人系统组成知识

典型任务一：低压电器基础知识

学习目标

知识目标：学习识别与使用工业机器人中用到的低压电器，掌握低压电器的图形符号以及控制技术的基础。

技能目标：了解低压电器的工作原理，学会低压电器的型号选择以及故障的排除。

工作任务

任务描述：本任务为工业机器人电气拆卸和电气故障排除项目，学员要认真学习各个部分的理论知识，掌握低压电器的图形符号以及故障的排除，并学会一次回路的拆装。

操作人员：2 人。

理论知识学习

一、低压断路器

（1）说明：低压断路器（图 7-1）过去叫作自动空气开关，现采用 IEC 标准称为低压断路器。

（2）定义：低压断路器是将控制电器、保护电器的功能合为一体的电器。

图 7-1 低压断路器

（3）低压断路器的选用。选择低压断路器应注意：

①低压断路器的额定电流和额定电压应大于或等于线路、设备的正常工作电压和工作电流；

②低压断路器的极限通断能力应大于或等于电路的最大短路电流；

③欠电压脱扣器的额定电压等于线路的额定电压；

④过电流脱扣器的额定电流应大于或等于线路的最大负载电流。

二、接触器

接触器（图 7-2）是一种用于中远距离频繁地接通与断开交直流主电路及大容量控制电路的一种自动控制电器。

图 7-2　接触器

（一）接触器的工作原理

组成：电磁机构、触电系统、灭弧装置及其他部件（图 7-3）。

工作原理：当线圈通电后，静铁芯产生电磁吸力将衔铁吸合。衔铁带动触电系统动作，使常闭触点断开，常开触点闭合。当线圈断电时，电磁吸力消失，衔铁在反作用弹簧力的作用下释放，触点系统随之复位。

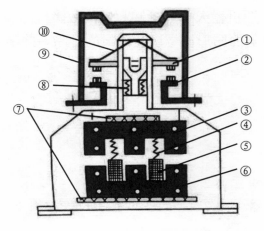

图 7-3　交流接触器结构

①动触头　　②静触头　　③衔铁　　　　④弹簧　　⑤线圈
⑥铁芯　　　⑦垫毡　　　⑧触头弹簧　　⑨灭弧罩　⑩触头压力弹簧

（二）接触器的选用

（1）接触器极数和电流种类的确定。

（2）根据接触器所控制负载的工作任务来选择相应使用类别的接触器。

（3）根据负载功率和操作情况来确定接触器主触头的电流等级。

（4）根据接触器主触头接通与分断主电路电压等级来决定接触器的额定电压。

（5）接触器吸引线圈的额定电压应由所接控制电路电压确定。

（6）接触器触头数和种类应满足主电路和控制电路的要求。

三、继电器

继电器（图7-4）是一种利用各种物理量的变化，将电量或非电量信号转化为电磁力或使输出状态发生阶跃变化，从而通过其触头或突变量促使在同一电路或另一电路中的其他器件或装置动作的一种控制元件。它用于各种控制电路中进行信号传递、放大、转换、联锁等，控制主电路和辅助电路中的器件或设备按预定的动作程序进行工作，实现自动控制和保护的目的。

常用的继电器按动作原理分电磁式、磁电式、感应式、电动式、光电式、压电式、热继电器与时间继电器等。按激励量不同分为交流、直流、电压、电流、中间、时间、速度、温度、压力、脉冲继电器等。

图7-4　继电器

四、变压器

变压器（图7-5）是一种将某一数值的交流电压变换成频率相同但数值不同的交流电压的静止电器。三相电压的变换可用三台单相变压器也可用一台三相变压器，从经济性和缩小安装体积等方面考虑，可优先选择三相变压器。

图7-5　三相变压器外形图

变压器的选型

（1）根据实际情况选择初级（原边）额定电压 U_1（380V，220V），再选择次级额定电压 U_2，U_3，……（次级额定值是指初级加额定电压时，次级的空载输出，次级带有额定负载时输出电压下降5%，因此选择输出额定电压时应略高于负载额定电压）；

（2）根据实际负载情况，确定次级绕组额定电流 I_1，I_2，I_3，……一般绕组的额定输出电流应大于等于额定负载电流；

（3）次级额定容量由总容量确定。总流量算法如下：

$P_2 = U_2I_2 + U_3I_3 + U_4I_4 + \cdots\cdots$

（4）根据次级电压、电流（或总容量）可选择变压器，变压器的选用除了要满足变压比之外，还要考虑变压器性价比，优先选用变压档输出全的变压器。

五、开关电源

开关电源（图 7-6）是利用现代电力电子技术，控制开关管开通和关断的时间比率，维持稳定输出电压的一种电源，开关电源一般由脉冲调制（PWM）控制 IC 和 MOSFET 构成的。随着电力电子技术的发展和创新，使得开关电源也在不断的创新。目前，开关电源以小型、轻量和高效率的特点被广泛应用于所有的电子设备，是当今电子信息产业飞速发展不可缺少的一种电源方式。

图 7-6 开关电源

六、熔断器

熔断器（图 7-7）是一种当电流超过规定值一定时间后，以它本身产生的热量使熔体熔化而分断电路的电器，广泛应用于低压配电系统及用电设备中作短路和过电流保护。

（a）熔断器的外形图　　　　（b）熔断器的电气符号

图 7-7 熔断器

选择熔断器主要是选择熔断器的类型、额定电压、额定电流及熔体的额定电流。

（1）熔断器的额定电压应大于或等于线路的工作电压；

（2）熔断器的额定电流应大于或等于熔体的额定电流；

（3）熔体的额定电流的选择。

①用于保护照明或电热设备的熔断器，因为负载电流比较稳定，所以熔体的额定电流应等于或稍大于负载的额定电流，即 $I_{re} \geqslant I_e$；

②用于保护单台长期工作电动机（即供电支线）的熔断器，考虑电动机启动时不应熔断，即 $I_{re} \geqslant (1.5 \sim 2.5) I_e$；

③用于保护频繁启动电机（即供电支线）的熔断器，在出现尖峰电流时，不应熔断。通常，将其中容量最大的一台电动机启动，而其余电动机运行时出现的电流作为其尖峰电流，

$$I_{re} \geqslant (1.5 \sim 2.5) I_{emax} + (I_{e1} + I_{e2} + \cdots \cdots)。$$

任务实施

根据控制柜一次回路接线图（图7-8），对控制柜一次回路的线路进行拆装，拆装时请注意记录好操作步骤以及各元件的接线标号，避免安装的时候出现错误，同时记录好各个元件的作业。

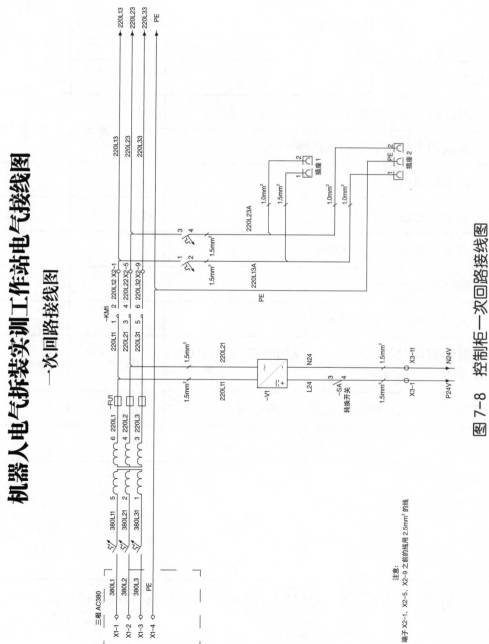

图 7-8 控制柜一次回路接线图

评价反馈，总结提高

活动过程评价表

班级：_____　　姓名：_____　　学号：_____　　　　_____年__月__日

评价项目及标准		配分	等级评定			
			A	B	C	D
学习态度	1. 虚心向师傅学习	10				
	2. 组员的交流、合作融洽	10				
	3. 实践动手操作的主动积极性	10				
操作规范	1. 低压电器的认识	10				
	2. 拆装时是否先断电	10				
	3. 拆装时是否符合工艺要求	10				
	4. 操作安全性	10				
	5. 完成时间（建议完成时间）	10				
	6. 对实习岗位卫生清洁、工具的整理保管及实习场所卫生清扫情况	10				
完成情况	在规定时间内，能较好地完成所有任务	10				
合计		100				
师傅总评						

等级评定：A：优（10）；B：好（8）；C：一般（6）；D：有待提高（4）

学习拓展，技能升华

将拆下来的一次回路安装回去，并检查好是否可靠。

典型任务指导书

岗位		
任务名称		
学习目标		
任务内容		
工作流程	任务框架	
	学习过程	
	自我评价	
	师傅评价	

课堂知识回顾

一、填空题

1. ＿＿＿＿＿＿＿＿＿＿过去叫作自动空气开关，现采用 IEC 标准称为低压断路器。

2. 低压断路器是将＿＿＿＿＿＿＿＿电器、＿＿＿＿＿＿＿＿＿电器的功能合为一体的电器。

3. 出于安全方面的考虑，低压断路器的额定电流和额定电压应该是＿＿＿＿＿＿＿＿＿＿或或＿＿＿＿＿＿＿＿＿线路、设备的正常工作电压和工作电流。

4. 欠电压脱扣器的额定电压＿＿＿＿＿＿＿＿＿＿线路的额定电压。

5. 过电流脱扣器的额定电流应＿＿＿＿＿＿＿＿或＿＿＿＿＿＿＿＿线路的最大负载电流。

6. ＿＿＿＿＿＿＿＿＿＿是一种用于中远距离频繁地接通与断开交直流主电路及大容量控制电路的一种自动控制电器。

7. 接触器的组成包括＿＿＿＿＿＿＿＿＿、＿＿＿＿＿＿＿＿＿、＿＿＿＿＿＿＿＿＿及其他部件。

8. 在选择使用相应类别的接触器时，我们可以根据接触器所控制＿＿＿＿＿＿＿＿＿＿的工作任务来进行选择。

9. 根据＿＿＿＿＿＿＿＿＿和＿＿＿＿＿＿＿＿＿来确定接触器主触头的电流等级

10. 根据接触器主触头＿＿＿＿＿＿＿＿＿＿与＿＿＿＿＿＿＿＿＿主电路电压等级来决定接触器的额定电压。

11. 接触器吸引线圈的额定电压应由所接＿＿＿＿＿＿＿＿＿＿电路电压确定。接触器触头数和种类应满足＿＿＿＿＿＿＿＿＿和＿＿＿＿＿＿＿＿＿的要求。

12. 继电器是一种将＿＿＿＿＿＿＿＿＿或＿＿＿＿＿＿＿＿＿信号转化为＿＿＿＿＿＿＿＿＿或使＿＿＿＿＿＿＿＿＿发生阶跃变化，从而通过其触头或突变量促使在同一电路或另一电路中的其他器件或装置动作的一种控制元件。

13. 变压器是一种将某一数值的＿＿＿＿＿＿＿＿＿＿变换成频率相同但数值不同的交流电压的静止电器。

14. 三相电压的变换可用＿＿＿＿＿＿＿＿＿＿单相变压器也可用＿＿＿＿＿＿＿＿＿＿三相变压器，从经济性和缩小安装体积等方面考虑，可优先选择三相变压器。

15. 开关电源是利用现代电力电子技术，控制开关管＿＿＿＿＿＿＿＿＿＿和＿＿＿＿＿＿＿＿＿＿的时间比率，维持稳定输出＿＿＿＿＿＿＿＿＿＿＿的一种电源，开关电源一般由脉冲调制（PWM）控制 IC 和 MOSFET 构成的。

16. 熔断器是一种当电流超过规定值一定时间后，以他本身产生的热量使熔体＿＿＿＿＿＿＿而分断电路的电器，广泛应用于低压配电系统及用电设备中作＿＿＿＿＿＿＿和＿＿＿＿＿＿＿保护。

17. 选择熔断器主要是选择熔断器的_____、_____、_____及熔体的_____。

18. 熔断器的额定电压应_____或_____线路的工作电压。

19. 熔断器的额定电流应_____或_____熔体的额定电流。

20. 下图是哪种低压电器的符号：_____。

FU

二、简答题

1. 选用低压断路器时，应遵循哪些注意事项？

_____

_____

_____

_____

_____

_____

_____

2. 简单说说接触器的工作原理。

_____

_____

_____

_____

_____

_____

_____

3. 选用接触器时，需要遵循的原则是什么？

_____

_____

4. 继电器的主要功能是什么？在主电路和控制电路中起到什么作用？

5. 常用的继电器分别按动作原理和按激励量不同可怎么进行分类？

6. 怎样对变压器进行选型？

7. 什么叫开关电源？它主要由哪几部分构成，有哪些作用？

_____

_____

_____

_____

_____

_____

8. 熔断器怎样分断电路？其主要的功能是什么？应用于哪些方面？

_____

_____

_____

_____

_____

_____

_____

9. 怎样选用熔断器？

_____

_____

_____

_____

_____

_____

10. 怎样对熔体的额定电流进行选择？

_____

_____

_____

_____

_____

_____

章节学习记录

问题记录

1.在学习过程中遇到了什么问题？请记录下来。

2.请分析问题产生的原因，并记录。

3.如何解决问题？请记录解决问题的方法。

4.请谈谈解决问题之后的心得体会。

典型任务二：工业机器人电气系统与连接

学习目标

1. 了解 HSR-608 工业机器人使用前注意事项。
2. 掌握机器人电气系统主要技术参数。
3. 了解机器人控制柜前后面板。
4. 注意机器人控制柜接线。
5. 了解机器人控制柜端子排。
6. 机器人控制柜与机器人本体插座连接。
7. 机器人控制柜与机器人手持操作编程器连接。

工作任务

任务描述：机器人的电气系统，便是除去机器人本体，而剩下来的示教器与电柜，也就是图 7-9 的序号②③与④。这是自动化生产的灵魂。现要求同学们（操作员）对机器人电气系统有个初步的认知。了解了系统之后，要求同学们相互交流、相互问答关于电气系统的相关问题。

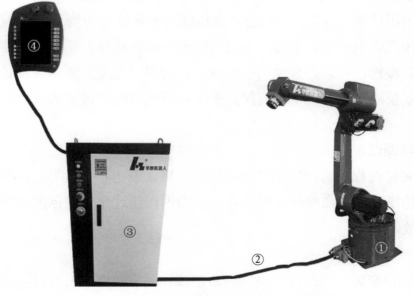

图 7-9　HSpad 和华数机器人连接图

理论知识学习

一、认识 HSR-608 型机器人使用前注意事项

（一）安全告示

注意在使用本产品前，请仔细阅读下述安全注意事项，以确保人身安全和设备安全。

（二）运输与储存

机器人控制柜必须按其重量正确运输；堆放产品不可超过规定数量；不可在产品上攀爬或站立，也不可在上面放置重物；不可用与产品相连的电缆或器件对产品进行拖动或搬运；操作面板和显示屏应特别防止碰撞与划伤；储存和运输时应注意防潮；如果产品储存已经超过限定时间，请及时与机器人公司联系。

（三）安装

机器人控制柜的机壳非防水设计，产品应安装在无雨淋和直接日晒的地方。本产品与其他设备之间，必须按规定留出间隙；产品安装、使用应注意通风良好，避免可燃气体和研磨液、油雾、铁粉等腐蚀性物质的侵袭，避免让金属、机油等导电性物质进入其中。不可将产品安装或放置在易燃易爆物品附近；产品安装必须牢固，无振动。安装时，不可对产品进行抛掷或敲击，不能对产品有任何撞击或负载。

（四）接线

参加接线与检查的人员，必须具有完成此项工作的能力。接线前必须断开外部电源，并且等面板上指示灯完全熄灭后 5 min 才可打开机器人控制柜进行配线，机器人控制柜必须可靠接地，接地电阻应小于 4 Ω。切勿使用中性线代替地线。否则可能会因受干扰而不能稳定正常地工作。接线必须正确、牢固，否则可能产生错误动作；任何一个接线插头上的电压值和正负（+、-）极性，必须符合说明书的规定，否则可能发生短路或设备永久性损坏等故障；在插拔插头或扳动开关前，手指应保持干燥，不能带电插拔插头或打开机器人控制柜机箱。

（五）运行与调试

运行前，应先检查程序与参数设置是否正确。错误设定和不适当的程序会使机器人发生意外动作；参数的修改必须在参数设置允许的范围内，超过允许的范围可能会导致运转不稳定及损坏机器的故障。

（六）维修

在检修、更换和安装元器件前，必须切断电源。发生短路或过载时，应检查并排除故障后，方可通电运行；发生警报后，必须先排除事故后，方可重新启动。系统受损或零件不全

时，不可进行安装或操作；由于电解电容器老化，可能会引起系统性能下降。为了防止由此而引发故障，在通常环境下应用时，电解电容器最好每 6 年更换一次。

二、电气系统主要技术参数

表 7-1　电气系统说明

类目		说明
输入电源电压		AC380 V±5%
输入电源频率		50 Hz
最小输入电源容量		4000V•A
数字 I/O 输入	可编程输入点（16 点）	X4.0 –X5.7
	输入点型式	NPN24V 或无源接点
	输入点导通电流	IF=5 ～ 9 mA
	最大漏电流	< 0.1 mA
	滤波时间	约 2 ms
	最大响应频率	5 Hz
数字 I/O 输出	可编程输出点（16 点）	Y2.0 –Y3.7
	输出点型式	NPN24V
	输出点最大电流	100 mA
	最大响应频率	5 Hz
DC24V 最大输出容量		20 V•A

三、机器人控制柜系统图（图7-10）

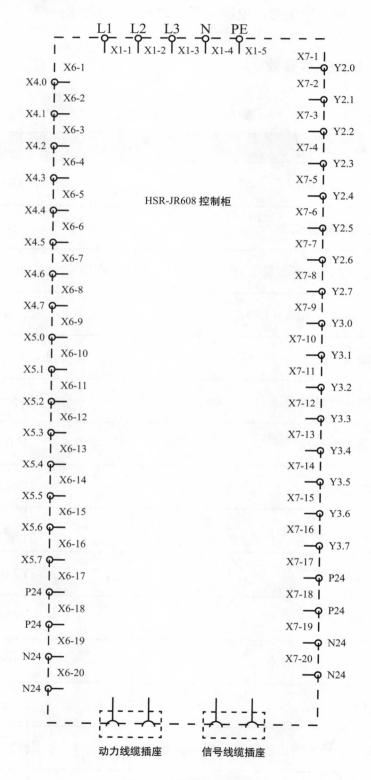

图 7-10　系统图

四、机器人控制柜端子排位置图

（一）X1 端子排系统电源位置图（图 7-11）

图 7-11　X1 端子排

X1 端子排为外源电源的接入点，打开机器人控制柜前面板，在配电盘的左下方为 X1 端子排，外部三相 380 V 电源从这里接入系统，外部电源应使用一个额定电流为 32 A 独立断路器，且必须严格接地。

（二）X6 端子排输入数字 I/O 位置图（图 7-12）

图 7-12　X6 端子排

X6 端子排为外部信号的输入点，其中从 1 号端子至 8 号端子分别对应机器人控制系统 IOX4.0 至 X4.7，9 号端子至 16 号端子分别对应机器人控制系统 IOX5.0 至 X5.7，17、18 号端子为 DCOUT+24V，19 号、20 号端子为 DCOUT0V，最大输出容量为 20 V•A。打开机器人控制柜前面板，在配电盘的右下方从右向左数第 2 个端子排为 X6 端子排，进行安装配线前必须断开外部电源。

（三）X7 端子排输出数字 I/O 位置图（图 7-13）

图 7-13　X7 端子排

X7 端子排为外部信号的输出点，其中从 1 号端子至 8 号端子分别对应机器人控制系统 IOY2.0 至 Y2.7，9 号端子至 16 号端子分别对应机器人控制系统 IOX3.0 至 X3.7，每个数字输出点的最大输出电流为 100 mA，如果输出负载为继电器等容性负载，必须加装续流二极管，续流二极管的极性必须正确。17 号、18 号端子为 DCOUT+24V，19 号、20 号端子为 DCOUT0V，最大输出容量为 20V·A。打开机器人控制柜前面板，在配电盘的右下方从右向左数第 1 个端子排为 X7 端子排，进行安装配线前必须断开外部电源。

五、机器人控制柜与机器人本体插座连接示意图

（一）机器人控制柜与机器人本体编码传感线缆连接示意图（图 7-14）

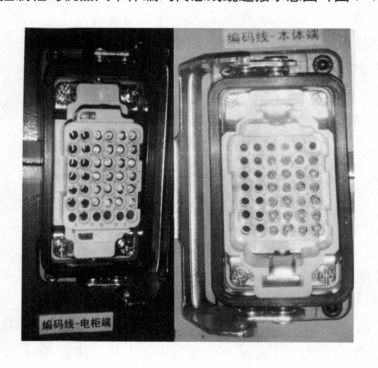

图 7-14　接头示意

打开机器人控制柜后面板，编码线插座位在左下方，将编码器线缆公头插入编码线 – 电柜端，将编码器线缆另一端母头插入机器人本体底座下方的编码线 – 本体端，并卡好两端卡扣，连接和拆卸线缆必须断开外部电源。

（二）机器人控制柜与机器人本体动力线缆连接示意图（图7-15）

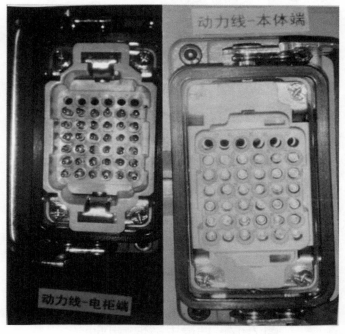

图 7-15　接头示意

　　打开机器人控制柜后面板，动力线插座位在左下方，将动力线缆母头插入动力线－电柜端，将动力线缆另一端公头插入机器人本体底座下方的动力线－本体端，并卡好两端卡扣，连接和拆卸线缆必须断开外部电源。

六、机器人控制柜与机器人手持操作编程器连接示意图（图7-16）

图 7-16　手持器端的接线

打开机器人控制柜前面板，编程器电源与急停插头位在左侧，按图7-17，图7-18所示接好插头，连接和拆卸线缆必须断开外部电源。

图 7-17　连接电器柜端的插头

图 7-18　手持器操作编程器

打开机器人控制柜前面板，将编程器网络插头插入 IPC 控制器的 LAN 端口，并拧紧锁紧螺丝，连接和拆卸线缆必须断开外部电源。

任务实施

要求：核对 HSR-608 型机器人的实物信号口，并进行记录。如图 7-19 所示。

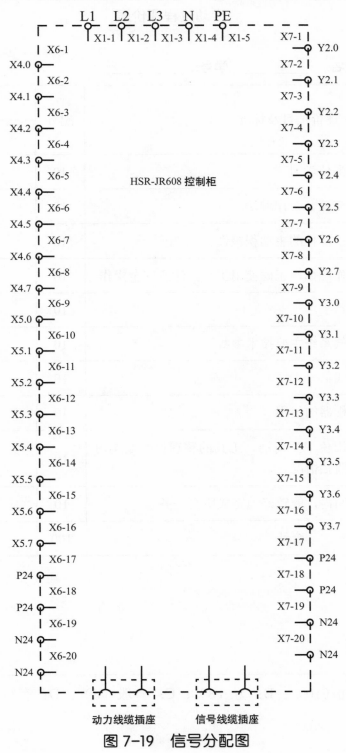

图 7-19 信号分配图

评价反馈，总结提高

活动过程评价表

班级：_____ 姓名：_____ 学号：_____ _____年___月___日

评价项目及标准		配分	等级评定			
			A	B	C	D
学习态度	1. 虚心向师傅学习	10				
	2. 组员的交流、合作融洽	10				
	3. 实践动手操作的主动积极性	10				
操作规范	1. 遵守工作纪律，正确使用工具，注意安全操作	10				
	2. 使用注意事项	10				
	3. 了解电气系统主要技术参数	10				
	4. 熟悉接线信号	10				
	5. 认识编程器的使用	10				
	6. 对实习岗位卫生清洁、工具的整理保管及实习场所卫生清扫情况	10				
完成情况	在规定时间内，能较好地完成所有任务	10				
合计		100				
师傅总评						

等级评定：A：优（10）；B：好（8）；C：一般（6）；D：有待提高（4）

学习拓展，技能升华

要求：同学之间通过机器人手持操作器验证所使用到的信号具体是 PLC 哪个信号点采集的或控制的。

典型任务指导书

岗位		
任务名称		
学习目标		
任务内容		
工作流程	任务框架	
	学习过程	
	自我评价	
	师傅评价	

课堂知识回顾

一、判断题

1. 可直接使用机器人控制柜，不用阅读安全注意事项，减少准备的时间。 （ ）

2. 机器人控制柜必须按其重量正确运输。 （ ）

3. 在机器人控制柜上堆放产品不可超过规定数量，防止出现安全问题。 （ ）

4. 可在机器人控制柜上攀爬或站立，也可在上面放置重物，不会发生安全问题。

（ ）

5. 为了方便，可用与机器人控制柜相连的电缆或器件对产品进行拖动或搬运。

（ ）

6. 运输和储存的过程中，操作面板和显示屏应特别防止碰撞与划伤。 （ ）

7. 产品在储存和运输时应注意防潮。 （ ）

8. 如果产品储存已经超过限定时间，请及时与机器人公司联系，不可盲目使用。

（ ）

9. 机器人控制柜应安装在无雨淋和直接日晒的地方，防止在运行过程中出现故障，延长使用寿命。 （ ）

10. 为了安全起见，机器人控制柜与其他设备之间，必须按规定留出间隙。 （ ）

11. 机器人控制柜安装、使用应注意通风良好，避免可燃气体和研磨液、油雾、铁粉等腐蚀性物质的侵袭，避免让金属、机油等导电性物质进入其中。 （ ）

12. 可将产品安装或放置在易燃易爆物品附近，只要不产生高温和火星即可。 （ ）

13. 机器人控制柜安装必须牢固，无振动。 （ ）

14. 安装时，可对机器人控制柜进行抛掷或敲击，能对产品有任何撞击或负载。

（ ）

15. 为了安全起见，接线前必须断开外部电源。 （ ）

16. 断电后，可直接打开机器人控制柜进行配线，减少操作的时间。 （ ）

17. 机器人控制柜必须可靠接地，接地电阻应小于 4Ω。切勿使用中性线代替地线。否则在机器人控制柜工作过程中，可能会因受干扰而不能稳定正常地工作。 （ ）

18. 接线必须正确、牢固，否则可能产生误动作；任何一个接线插头上的电压值和正负（＋、－）极性。 （ ）

19. 在插拔插头或扳动开关前，手指应保持干燥，但能带电插拔插头或打开机器人控制柜机箱。 （ ）

20. 机器人控制柜可直接上电运行，不用检查程序与参数设置是否正确。 （   ）

21. 程序参数的修改必须在参数设置允许的范围内，超过允许的范围可能会导致运转不稳定及损坏机器的故障。 （   ）

22. 在检修、更换和安装元器件前，不用切断电源。 （   ）

23. 控制柜发生短路或过载时，应检查并排除故障后，方可通电运行。 （   ）

24. 发生警报后，可直接重新启动。 （   ）

25. 系统受损或零件不全时，可继续进行安装或操作，这样也可以保证安全。（   ）

26. 由于电解电容器老化，可能会引起系统性能下降。为了防止由此而引发故障，在通常环境下应用时，电解电容器最好每年更换一次。 （   ）

27. 机器人控制柜的外部电源应使用一个额定电流为 32A 独立断路器，且必须严格接地。 （   ）

28. 在对机器人控制柜进行安装配线前，必须断开外部电源，以保证安全。 （   ）

29. 机器人控制柜与机器人本体插座连接和拆卸线缆时，必须断开外部电源。（   ）

30. 机器人控制柜的外部电源应使用一个额定电流为 32A 独立断路器，且必须严格接地。 （   ）

二、简答题

1. 操作员在使用 HSR-608 型机器人之前，有哪些注意事项？

2. 在对机器人控制柜运输与储存的过程中，要注意些什么？

3. 机器人控制柜在安装的过程中，要注意些什么？

4. 简单说说怎样对机器人控制柜进行接线。

5. 怎样对机器人控制柜进行运行和调试？

6. 对机器人控制柜的维修步骤是什么？

_____

_____

_____

_____

_____

_____

_____

7. 机器人控制柜与机器人本体线缆怎样连接？要注意什么？

_____

_____

_____

_____

_____

_____

_____

_____

章节学习记录

问题记录

1. 在学习过程中遇到了什么问题？请记录下来。

_____

_____

_____

_____

2. 请分析问题产生的原因，并记录。

_____

_____

_____

_____

3. 如何解决问题？请记录解决问题的方法。

_____

_____

_____

_____

4. 请谈谈解决问题之后的心得体会。

_____

_____

_____

_____

_____

_____

_____

典型任务三：**电机驱动器设置与线路拆装**

学习目标

知识目标：掌握电机驱动器的参数设置，了解驱动器的工作原理以及常见故障的排除。

技能目标：能够正确设置驱动器的参数，以及能够对驱动器正确连线。

工作任务

任务描述：本任务为工业机器人电气拆卸和电气故障排除项目，学员要认真学习各个部分的理论知识，掌握低压电器的图形符号以及故障的排除，并学会驱动器回路的拆装。

操作人员：2 人。

理论知识学习

一、伺服驱动器

（1）伺服驱动器接受来自 IPC 装置的送来的进给指令，这些指令经过驱动装置的变换和放大后，转变成伺服电动机进给的转速、转向与转角信号，从而带动机械结构按照指定要求准确运动。

（2）HSV-106U 系列伺服驱动单元是武汉华中数控股份有限公司生产的新一代全数字交流伺服驱动产品，它具有高速工业以太网总线接口，采用具有自主知识产权的 NCUC 总线协议，实现和 IPC 控制器高速的数据交换；具有高分辨率绝对式编码器接口，可以适配复合增量式、正余弦、全数字绝对式等多种信号类型的编码器，位置反馈分辨率最高达到 23 位。

（3）HSV-160U 交流伺服驱动单元形成 10 A、20 A、30 A、50 A、75 A、100 A 共六种规格，功率回路最大功率输出最大达到 6.5 kW。

二、HSV-160U 交流伺服驱动单元的技术指标（表 7-2）

表 7-2　伺服驱动单元的技术指标图

输入电源	三相 AC220V 电源，-15% ～ +10%，50/60 Hz	
控制方式	位置控制、速度控制、JOG 控制、内部速度控制	
速度波动率	<±0.1（负载 0 ～ 100%）；<±0.02（电源 -15% ～ +10%）（数值对应于额定速度）	
调速比	1：10 000	
位置控制	输入方式	绝对位置方式（驱动单元接收系统位置指令）
	电子齿轮	1 ≤ a/β ≤ 32767
速度控制	输入方式	速度控制方式（驱动单元接收系统速度指令）
	加减速功能	参数设置 1 ～ 32 000 ms（0 ～ 1 000 r/min 或 1 000 ～ 0 r/min）
电机编码器类型	复合增量式编码器	光电编码器线数：1 024 线、2 000 线、2 500 线、6 000 线
	绝对式编码器	ENDAT2.1/2.2 协议编码器；BISS 协议编码器；HiperFACE 协议编码器；TAMAGAWA 协议编码器
监视功能	转速、当前位置、位置偏差、电机转矩、电机电流、指令脉冲频率、运行状态等	
保护功能	超速、主电源过压（由泵升制动引起）、欠压、过流、过载、编码器异常、控制电源欠压、制动故障、通信故障、位置超差等	
操作	6 个 LED 数码管、5 个按键	
适用负载惯量	小于电机惯量的 5 倍	

三、伺服驱动器型号说明（图 7-20）

图 7-20　伺服驱动器型号说明

四、驱动装置的硬件结构（图7-21）

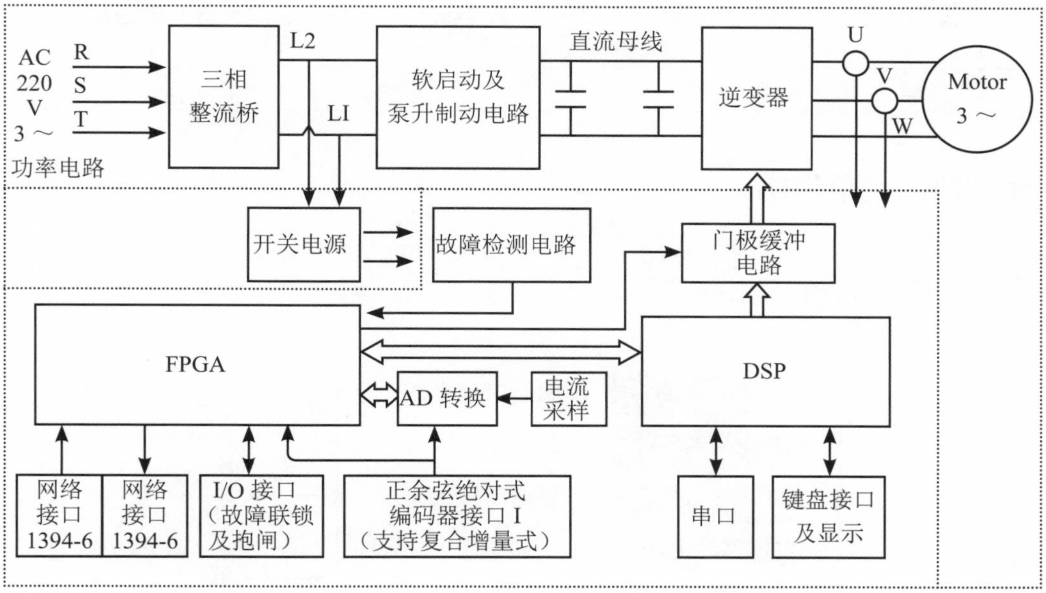

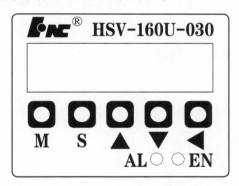

图7-21 驱动装置的硬件结构图

五、驱动器的操作与显示（图7-22，表7-3）

图7-22 驱动器的操作与显示

表7-3 驱动器操作界面说明

符号	名称	功能
AL	报警灯	灯 ON：报警输出 ON 灯 OFF：报警输出 OFF
EN	使能灯	灯 ON：伺服使能 ON 灯 OFF：伺服使能 OFF
M	主菜单键	用于一级菜单（主菜单）之间的切换
S	次级菜单键	用于次级菜单操作：返回；输入确认
▲	前进键	序号、数值增加：选项向前

续　表

符号	名称	功能
▼	后退键	序号、数值减少：选项退后
◀	移位键	移位

六、驱动器的菜单说明

注：驱动器的参数设置具体参考该驱动器的操作说明书（图 7-23）。

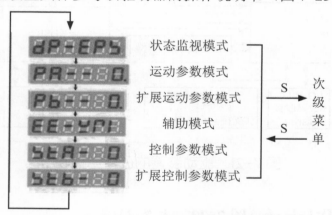

图 7-23　驱动器的操作说明书

七、伺服驱动单元连接原理示意图（图 7-24）

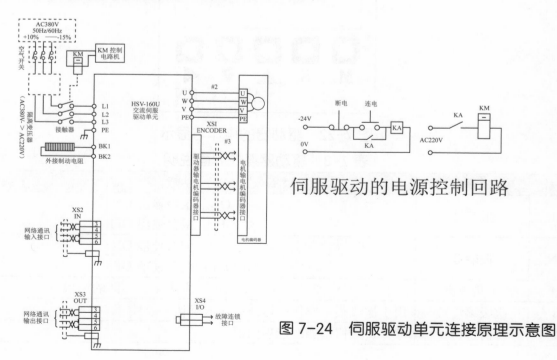

图 7-24　伺服驱动单元连接原理示意图

八、伺服驱动接口介绍（图 7-25 至图 7-27，表 7-4）

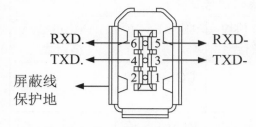

RXD.————RXD-
TXD.————TXD-
屏蔽线
保护地

驱动单元网络通信接口 XS2、XS3
插座（面对插座看）

驱动单元网络通信接口 XS2、
XS3 插头焊针分布
（面对插头的焊片看）

端子序号	端子记号	信号名称	功能
1	保留		
2	保留		
3	TXD+	网络数据发送+	与控制器或上位机网络通信接口的接收（RXD+）连接
4	TXD-	网络数据发送-	与控制器或上位机网络通信接口的接收（RXD-）连接
5	RXD+	网络数据接收+	与控制器或上位机网络通信接口的接收（TXD+）连接
6	RXD-	网络数据接收-	与控制器或上位机网络通信接口的接收（TXD-）连接

图 7-25 伺服驱动接口介绍

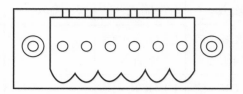
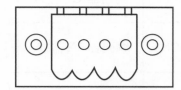

HSV-160U-020,030

HSV-160U-050,075

图 7-26 XT1 电源输入端子引脚分布

表 7-4　X1 接口引脚定义

端子序号	端子记号	适配不同编码器时信号功能				
		复合式光电编码器	ENDAT2.1 协议	BISS 协议绝对式	HiperFACE 协议	TAMAGAWA 绝对式
1	A+/SINA+	编码器 A+ 输入	SINA+ 信号输入		COS+ 信号输入	
2	A−/SINA−	编码器 A− 输入	SINA− 信号输入		REFCOS 信号输入	
3	B+/COSB+	编码器 B+ 输入	COSB+ 信号输入		SIN+ 信号输入	
4	B−/COSB−	编码器 B− 输入	COSB− 信号输入		REFSIN 信号输入	
5	Z+	编码器 Z+ 输入				
6	Z−	编码器 Z− 输入				
7	U+/DATA+	编码器 U+ 输入	DATA+ 信号输入	DATA+ 信号输入	DATA+ 信号输入	DATA+ 信号输入
8	U−/DATA−	编码器 U− 输入	DATA− 信号输入	DATA− 信号输入	DATA− 信号输入	DATA− 信号输入
9	V+/CLOCK+	编码器 V+ 输入	CLOCK+ 信号输入	CLOCK+ 信号输入		
10	V−/CLOCK−	编码器 V− 输入	CLOCK− 信号输入	CLOCK− 信号输入		
11	W+	编码器 W+ 输入				
12	W−	编码器 W− 输入				
16−19	+5V	编码器 +5V 电源	编码器 +5V 电源	编码器 +5V 电源		编码器 +5V 电源
21	+9V				编码器 +9V 电源	
23−25	GNDD	信号地	编码器信号地	编码器信号地	电源编码器信号地	编码器信号地
14−15	PE	屏蔽地	屏蔽地	屏蔽地	屏蔽地	屏蔽地

九、编码器连接图

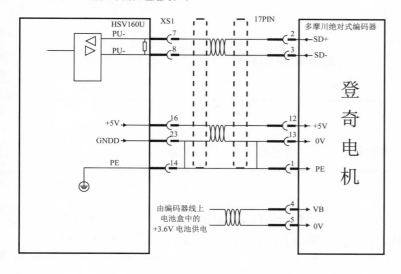

17bit 绝对式		
端子符号	信号	颜色
1	SD	蓝
2	$\overline{SD}$	蓝 / 黑
3	VB	褐
4	—	—
5	—	—
6	Vcc	红
7	GND	黑
8	GND	褐 / 黑
9	隔离网线	隔离网线

（a）HSV 驱动器与登奇电机   （b）HSV 驱动器与多摩川电机

图 7-27　编码器连接图

十、伺服电机

伺服电机（图 7-28，图 7-29）是指在伺服系统中控制机械元件运转的发动机，是一种补助马达间接变速装置。伺服电动机将伺服驱动器的输出转变为机械运动，它与伺服驱动器一起构成伺服驱动系统。目前应用最多的是交流伺服电动机。

伺服电机可使控制速度，位置精度非常准确，可以将电压信号转化为转矩和转速以驱动控制对象。伺服电机转子转速受输入信号控制，并能快速反应，在自动控制系统中，用作执行元件，且具有机电时间常数小、线性度高、始动电压等特性，可把所收到的电信号转换成电动机上的角位移或角速度输出。

交流永磁同步伺服电动机原理简介

三相永磁同步电动机主要由定子和转子组成，定子三相绕组经过绕制，保证每相绕组的匝数相等，在空间上彼此相差 120 电角度。当三相绕组定子上通过三相交流电时，产生一个旋转磁场，可以把这个旋转磁场看成会以速度 n 旋转的 N\S 磁极。而转子是由永磁材料组成，根据电磁力定律可知，在磁场的相互作用下，转子以同样速度 n 旋转。

转子磁路结构一般分为内置式和表面式（爪极式），表面式结构又分为表面凸出和表面插入。内置式又分为径向式、切向式及混合式。

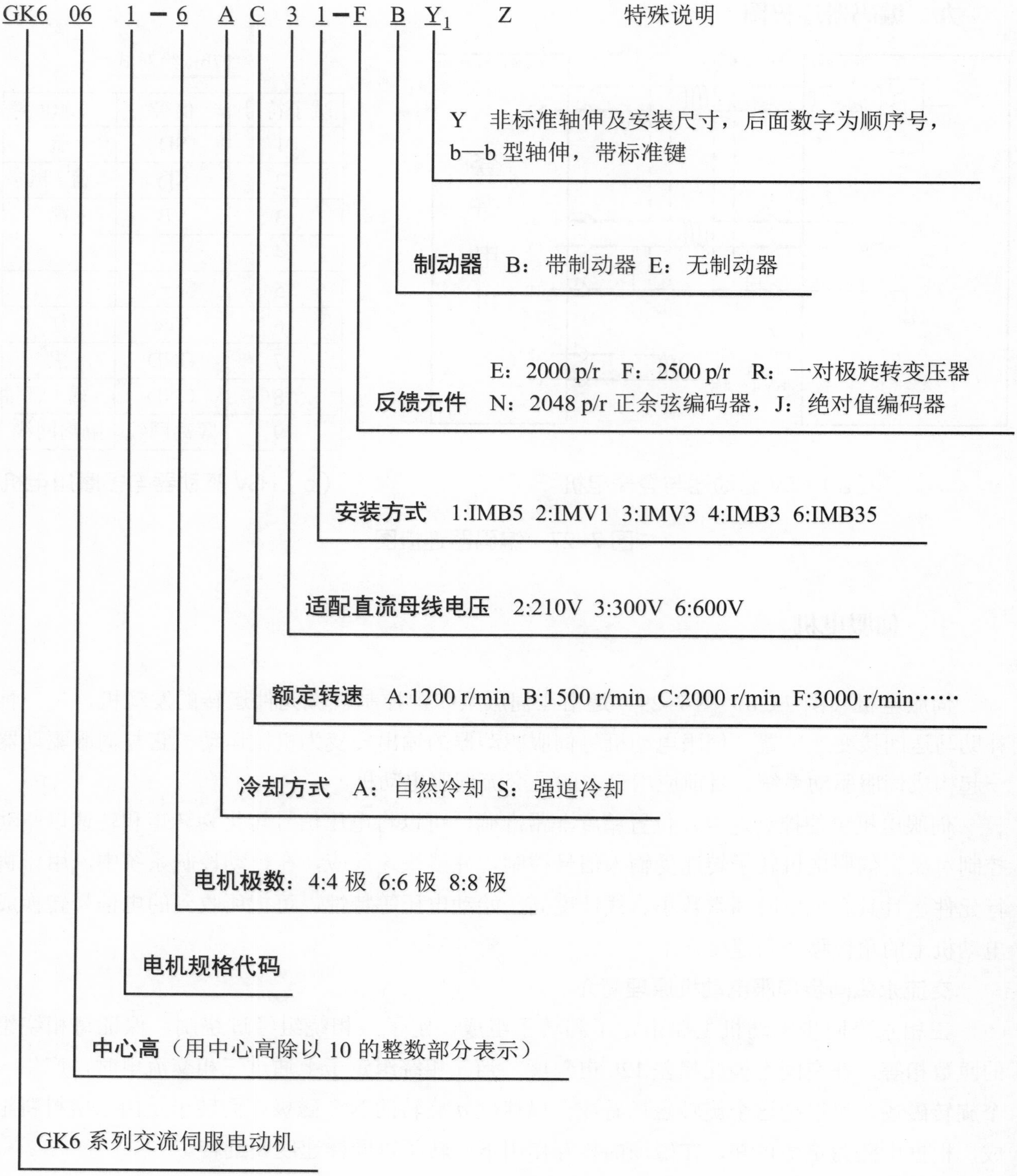

GK6 06 1－6 A C 3 1－F B Y₁ Z 　　特殊说明

Y　非标准轴伸及安装尺寸，后面数字为顺序号，
b—b 型轴伸，带标准键

制动器　B：带制动器　E：无制动器

E：2000 p/r　F：2500 p/r　R：一对极旋转变压器
反馈元件　N：2048 p/r 正余弦编码器，J：绝对值编码器

安装方式　1:IMB5　2:IMV1　3:IMV3　4:IMB3　6:IMB35

适配直流母线电压　2:210V　3:300V　6:600V

额定转速　A:1200 r/min　B:1500 r/min　C:2000 r/min　F:3000 r/min……

冷却方式　A：自然冷却　S：强迫冷却

电机极数：4:4 极　6:6 极　8:8 极

电机规格代码

中心高（用中心高除以 10 的整数部分表示）

GK6 系列交流伺服电动机

图 7-28　GK6 系列伺服电动机型号

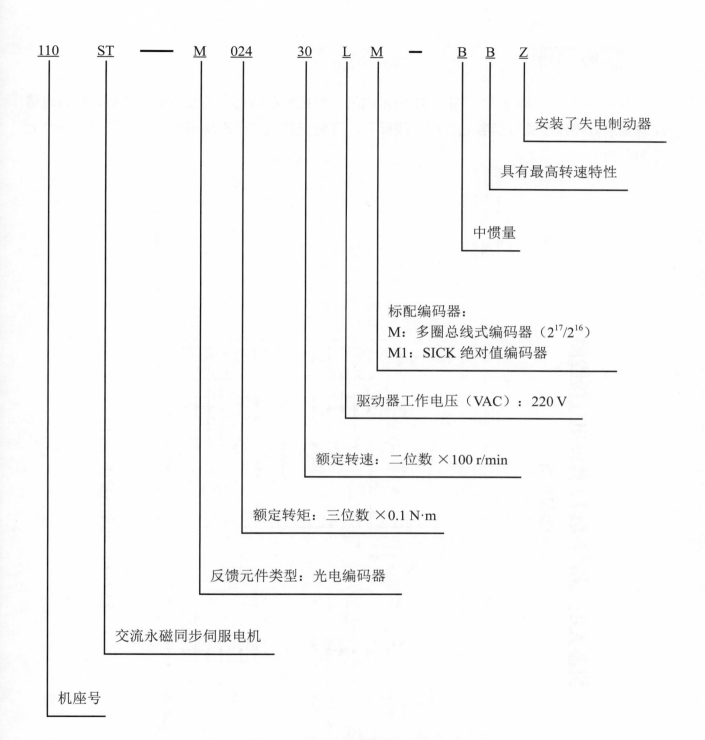

图 7-29　LBB 系列伺服电动机型号

任务实施

根据图 7-30、图 7-31、图 7-32 所示图纸，对控制柜驱动器的线路进行拆装，拆装时请注意记录好操作步骤以及各元件的接线标号，避免安装的时候出现错误，同时记录好各个元件的作业。

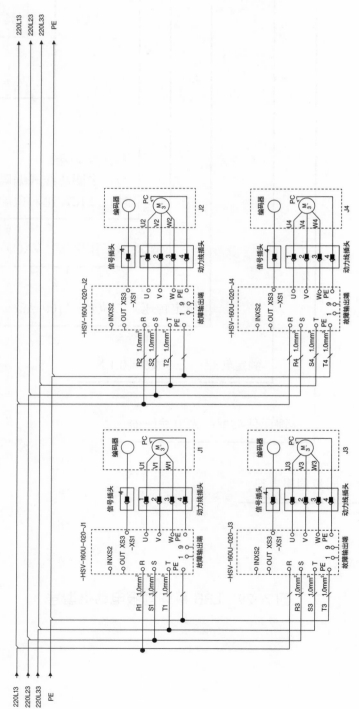

图 7-30 驱动器接线图（1）

机器人电气拆装实训工作站电气接线图

驱动器接线图

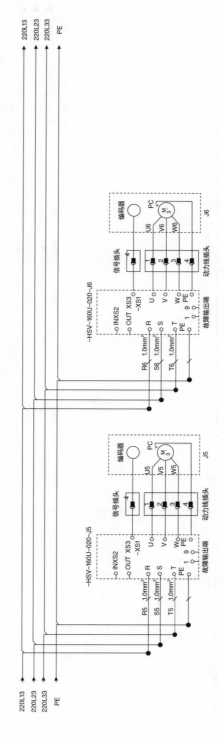

图7-31 驱动器接线图（2）

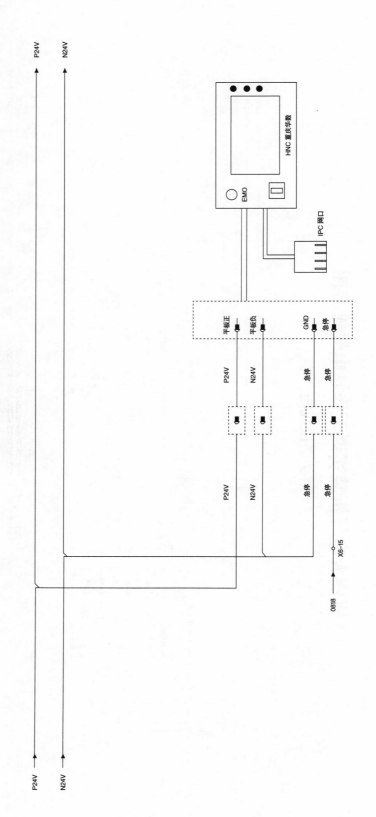

图 7-32 示教器接线图

评价反馈，总结提高

活动过程评价表

班级：_____　姓名：_____　学号：_____　　　　_____年___月___日

评价项目及标准		配分	等级评定			
			A	B	C	D
学习态度	1. 虚心向师傅学习	10				
	2. 组员的交流、合作融洽	10				
	3. 实践动手操作的主动积极性	10				
操作规范	1. 伺服器的认识	10				
	2. 私服驱动器的了解	10				
	3. 拆装时是否符合工艺要求	10				
	4. 操作安全性	10				
	5. 完成时间（建议完成时间）	10				
	6. 对实习岗位卫生清洁、工具的整理保管及实习场所卫生清扫情况	10				
完成情况	在规定时间内，能较好地完成所有任务	10				
合计		100				
师傅总评						

等级评定：A：优（10）；B：好（8）；C：一般（6）；D：有待提高（4）

学习拓展，技能升华

将拆下来的驱动器线路安装回去，并检查好是否可靠。

典型任务指导书

岗位		
任务名称		
学习目标		
任务内容		
工作流程	任务框架	
	学习过程	
	自我评价	
	师傅评价	

课堂知识回顾

一、填空题

1. 伺服驱动器接受来自 IPC 装置的送来的_____指令，这些指令经过驱动装置的_____和_____后，转变成伺服电动机进给的转速、转向与转角信号，从而带动机械结构按照指定要求准确运动。

2. 伺服电机是指在伺服系统中控制_____运转的发动机，是一种补助马达间接变速装置。

3. 伺服电动机将伺服驱动器的输出转变为_____，它与伺服驱动器一起构成_____系统。目前应用最多的是_____。

4. 伺服电机可使控制_____，位置精度非常准确，可以将电压信号转化为_____和_____以驱动控制对象。

5. 伺服电机转子转速受_____控制，并能快速反应。

6. 在自动控制系统中，伺服电机用作执行元件，具有机电_____小、_____高、_____等特性，可把所收到的电信号转换成电动机上的_____或_____输出。

7. 三相永磁同步电动机主要由_____和_____组成，定子三相绕组经过绕制，保证每相绕组的_____相等，在空间上彼此相差_____电角度。

8. 当三相绕组定子上通过三相交流电时，产生一个_____。

二、简答题

1. 什么是伺服驱动器，伺服驱动器的工作原理是怎样的？

_____

_____

_____

_____

_____

_____

2. 对伺服驱动器型号 HSV-160U-XXX 中各字母、数字所代表的含义进行解释。

_____

3. 驱动装置的硬件结构组成包括哪些方面?

4. 写出下面驱动器的操作与显示界面中的按键的名称和功能。

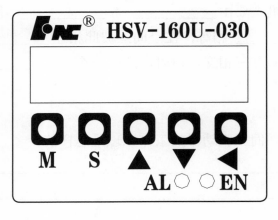

5. 写出驱动器菜单中各符号的名称和功能。

_____

_____

_____

_____

_____

_____

_____

_____

6. 什么叫伺服电机？它的工作原理是什么？

_____

_____

_____

_____

_____

_____

_____

_____

7. 简单说说交流永磁同步伺服电动机的结构组成和工作原理。

_____

_____

_____

_____

_____

_____

_____

章节学习记录

问题记录

1. 在学习过程中遇到了什么问题？请记录下来。

_____

_____

_____

2. 请分析问题产生的原因，并记录。

_____

_____

_____

3. 如何解决问题？请记录解决问题的方法。

_____

_____

_____

4. 请谈谈解决问题之后的心得体会。

_____

_____

_____

_____

_____

_____

典型任务四：工业机器人系统组成知识

学习目标

知识目标：能够正确了解工业机器人的基础组成以及核心元件，能够正确操作机器人，同时能够对二次回路进行拆装。

技能目标：能够认识控制电路中的各个元件，知道如何选择各个元件的型号。

工作任务

1. 任务描述：本任务为工业机器人电气拆卸和电气故障排除项目，学员要认真学习各个部分的理论知识，掌握低压电器的图形符号以及故障的排除，并学会二次回路的拆装。

2. 操作人员：2 人。

理论知识学习

一、HSR-612 型工业机器人的系统构成（图 7-33）

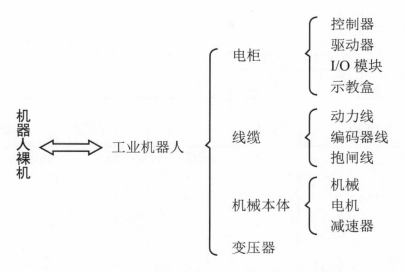

图 7-33　HSR-612 型工业机器人的系统构成

二、工业机器人机身本体（图7-34）

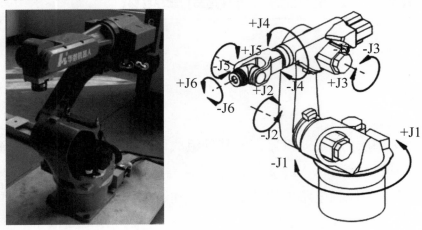

图 7-34　工业机器人本体

J1、J2、J3 为定位关节，J4、J5、J6 为定向关节，J2、J3、J5"抬起/后仰"为正，"降下/前倾"为负，J1、J4、J6 满足右手法则。

三、工业机器人的组成

HSR-JR6 型工业机器人电气控制系统主要由 IPC 单元、示教器单元、PLC 单元、伺服驱动器等单元组成，各个单元间的连接关系如图 7-35 所示。

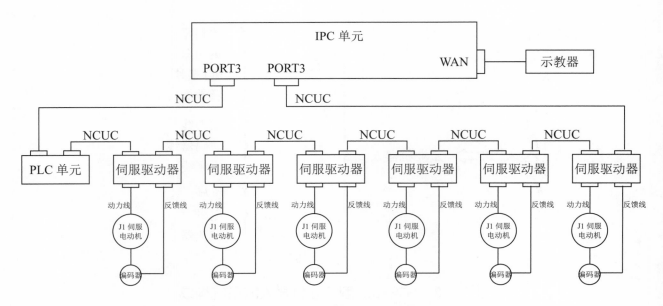

图 7-35　HSR-JR6 型工业机器人电气控制基本构成

如图 7-35 可见，IPC 单元、PLC 单元和伺服驱动器是通过 NCUC 总线连接到一起，完成相互之间的通信工作。IPC 是整个总线系统的主站，PLC 单元与伺服驱动器是从站。NCUC 总线接线是从 IPC 单元的 PROT0 口开始，连接到第一个从站的 IN 口，第一个从站 OUT 口出来的信号接入下一从站的 IN 口……以此类推，逐个相连，把各个从站串联起来，最后一个从站的 OUT 口连接到主站 IPC 单元的 PORT3 口上，就完成了总线的连接。

四、控制柜（图 7-36）

面板按钮：

电源指示

伺服使能

复位按钮

急停按钮

电源开关

图 7-36　控制柜

五、IPC 控制器

IPC 单元式 HSR-JR6 型工业机器人的运算控制系统相当于人的大脑，所有程序和算法都在 IPC 中处理完成。工业机器人在运动中的点位控制、轨迹控制、手抓空降位置与姿态的控制等都是由它发布控制命令。它由微处理器、存储器、总线、外围接口组成。它通过总线把控制命令发送给伺服驱动器，也通过总线收集伺服电动机的运行反馈信息，通过反馈信息来修正机器人的运动，见图 7-37。

（一）功能

（1）嵌入式工业计算机模块，可运行 LINUX、Windows 操作系统；

（2）具备 PC 机的标准接口：VGA、USB、以太网等；

（3）配置 DSP+FPGA+ 以太网物理层接口。

图 7-37　IPC 控制器

（二）IPC 各接口说明

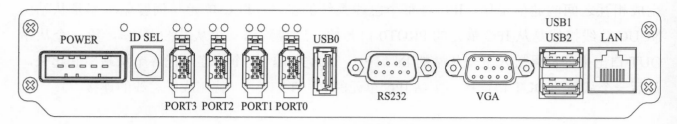

图 7-38　IPC 各接口说明

POWER：DC24V 电源接口；　　　　ID SEL：设备号选择开关；

PORT0~PORT3：NCUC 总线接口；　　USB0：外部 USB1.1 接口；

RS232：内部使用的串口；　　　　　VGA：内部使用的视频信号口；

USB1&USB2：内部使用的 USB2.0 接口；　LAN：外部标准以太网接口。

六、PLC 单元

PLC 是工业机器人中非常重要的运算系统，它主要完成与开关量算有关的一些控制要求，例如，机器人急停的控制、手爪的抓持与松开、与外围设备协同工作等。在机器人控制系统中，IPC 单元和 PLC 协调配合，共同完成工业机器人的控制。

图 7-39　PLC 单元图

七、总线式 I/O 单元

（1）特性

①通过总线最多可扩展 16 个 I/O 单元；

②支持 NCUC 总线；

③采用不同的底板子模块可以组建两种 I/O 单元，其中 HI0-1009 型底板子模块可提供 1 个通讯子模块插槽和 8 个功能子模块插槽，组建的 I/O 单元称为 HI0-1000A 型总线式 I/O 单元；HI0-1006 型底板子模块可提供 1 个通讯子模块插槽和 5 个功能子模块插槽，组建的 I/O 单元称为 HI0-1000B 型总线式 I/O 单元（图 7-40）；

④功能子模块（表 7-5）包括开关量输入、输出子模块、模拟量输入/输出子模块、轴控制子模块等；

开关量输入 / 输出子模块——提供 16 路开关量输入或输出信号；

模拟量输入、输出子模块——提供 4 通道 A/D 信号和 4 通道的 D/A 信号；

轴控制子模块——提供 2 个轴控制接口，包含脉冲指令、模拟量指令和编码器反馈接口；

⑤光量输入子模块 NPN、PNP 两种接口可选，输出子模块为 NPN 接口，每个开关量均带指示灯。

图 7-40　HIO-1000 系列——采用 HIO-1009 底板子模块

（2）总线式 I/O 单元功能和技术指标

功能：

①机器人外部输入 / 输出接口。

②采用 NCUC 总线与 IPC 控制器连接。

③支持开关量输入 / 输出、模拟量输入 / 输出。

④支持脉冲 / 模拟接口伺服驱动装置连接。

⑤支持开关量触发功能。

技术指标：

①提供八槽和五槽机箱。

②单块输入板支持 16 路开关量输入。

③单块输出板支持 16 路开关量输出，输出电流为 100 mA。

④单块模拟量输入板提供 4 路模拟量输入，输入范围为 ±10V，采样分辨率 16 位。

⑤单块模拟量输出板提供 4 路模拟量输出，输出范围为 ±10V，分辨率 16 位。

表 7-5　HIO-1000 系列子模块的型号规格

子模块名称		子模块型号	说明
底板	9 槽底板子模块	HIO-1009	提供 1 个通讯子模块和 8 个功能子模块插槽
	6 槽底板子模块	HIO-1006	提供 1 个通讯子模块和 5 个功能子模块插槽
通讯	NCUC 协议通讯子模块（1394-6 火线接口）	HIO-1061	必配（火线接口通讯方式下）；支持的系统华中 8 型
	NCUC 协议通讯子模块（SC 光纤接口）	HIO-1063	必配（光纤接口通讯方式下）；支持的系统华中 8 型
轴控制	增量脉冲式轴控制子模块	HIO-1041	选配，每个子块提供 2 个轴控制接口，每个接口包含：脉冲指令、D/A 模拟电压指令、编码器反馈指令
	绝对值式轴控制子模块	HIO-1042	选配，每个子模块提供 2 个轴控制接口
模拟量	模拟量输入／输出子模块	HIO-1073	选配，每个子模块提供 4 路模拟量输入和 4 路模拟量输出
开关量	NPN 型开关量输入子模块	HIO-1011N	选配，每个子模块提供 16 路 NPN 型 PLC 开关量输入信号接口，低电平有效
	PNP 型开关量输入子模块	HIO-1011P	选配，每个子模块提供 16 路 PNP 型 PLC 开关量 输入信号接口，高电平有效
	NPN 型开关量输出子模块	HIO-1021N	选配，每个子模块提供 16 路 NPN 型 PLC 开关量输出信号接口，低电平有效

八、HSR-JR6 六轴机器人总线 I/O 单元配置（图 7-41）

HSR-JR6 六轴机器人总线式 I/O 单元配置

图 7-41　HIO-1009 型总线 I/O 单元接口图

九、通讯子模块功能及接口

通讯子模块（HIO-1061）负责完成与 IPC 控制器的通讯功能（X2A、X2B 接口）并提供电源输入接口（X1 接口），外部开关电源输出功率应不小于 50 W。其功能及接口如图 7-42 所示。

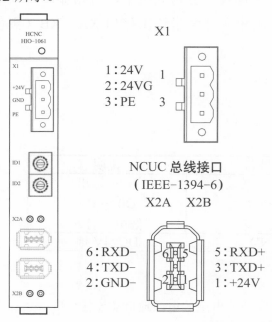

信号名	说明
24V	直流 24V 电源
24VG	直流 24V 电源地
PE	接大地

信号名	说明
24V	直流 24V 电源
GND	
TXD+	数据发送
TXD-	
RXD+	数据发送
RXD-	

图 7-42　通讯子模块

十、开关量输入子模块功能机接口

开关量输入子模块包括 NPN 型（HIO-1011N）和 PNP 型（HIO-1011P）两种，区别在于：NPN 型为低电平有效，PNP 型为高电平（+24V）有效，每个开关量输入子模块提供 16 路开关量信号输入，如图 7-43 所示。

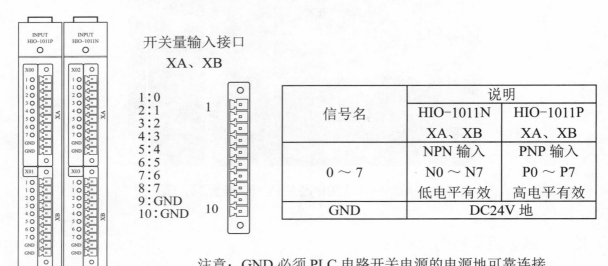

信号名	说明	
	HIO-1011N XA、XB	HIO-1011P XA、XB
0 ～ 7	NPN 输入 N0 ～ N7 低电平有效	PNP 输入 P0 ～ P7 高电平有效
GND	DC24V 地	

注意：GND 必须 PLC 电路开关电源的电源地可靠连接

图 7-43　开关量输入子模块

开关量输出子模块（HIO-1021N）为 NPN 型，有效输出为低电平，否则输出为高阻状态，每个开关量输出子模块提供 16 路开关量信号输出。开关量输出接口 XA、XB（黑色）定义如图 7-44 所示。

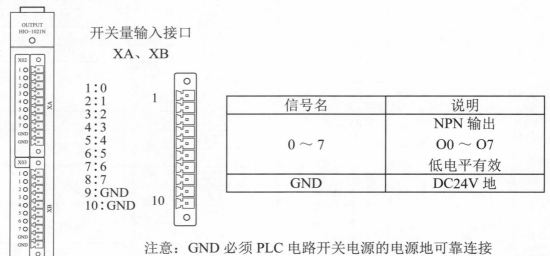

信号名	说明
0 ～ 7	NPN 输出 O0 ～ O7 低电平有效
GND	DC24V 地

注意：GND 必须 PLC 电路开关电源的电源地可靠连接

图 7-44　开关量输出子模块

十一、模拟量输入/输出子模块功能及接口

模拟量输入/输出（A/D-D/A）子模块（HIO-1073）负责完成机器人到 IPC 的 A/D 信号输入和 IPC 到机器人的 D/A 信号输出。每个 A/D-D/A 子模块提供 4 通道 12 位差分/单端模拟信号输入和 4 通道 12 位差分/单端模拟信号输出。A/D 输入接口 XA：（绿色）；D/A 输出接口 XB：（橙色）。其接口定义图见图 7-45。

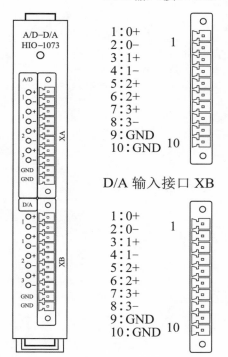

A/D 输入接口 XA

信号名	说明
0+、0-	4 通道 A/D 输入
1+、1-	A/D0 ～ A/D3
2+、2-	（输入范围：-10V ～ +10V）
3+、3-	
GND	地

D/A 输入接口 XB

信号名	说明
0+、0-	4 通道 D/A 输入
1+、1-	D/A0 ～ D/A3
2+、2-	（输入范围：-10V ～ +10V）
3+、3-	
GND	地

图 7-45 模拟量输入/输出子模块

任务实施

　　根据图 7-46 至图 7-57 所示图纸，对控制柜二次回路、系统连接线、接地等的线路进行拆装，拆装时请注意记录好操作步骤以及各元件的接线标号，避免安装时候出现错误，同时记录好各个元件的作业。

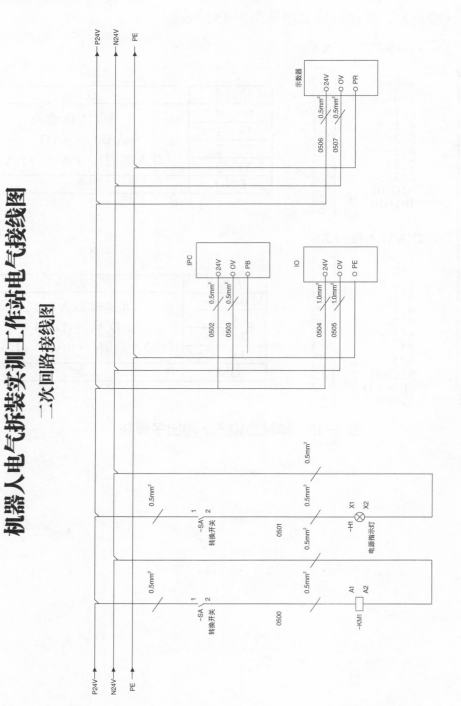

图 7-46　控制柜二次回路接线图

机器人电气拆装实训工作站电气接线图

NCUC 总线连接图

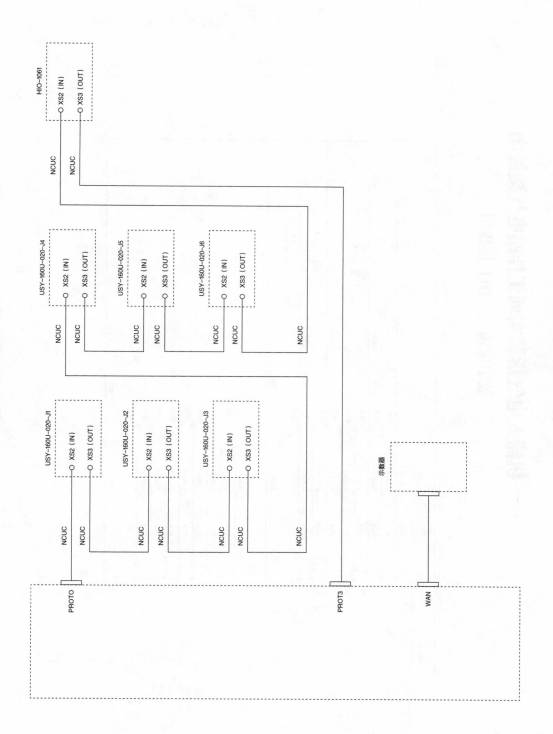

图7-47 NCUC 总线接线图

机器人电气拆装实测工作站电气接线图

数字量输入（DI）接线图

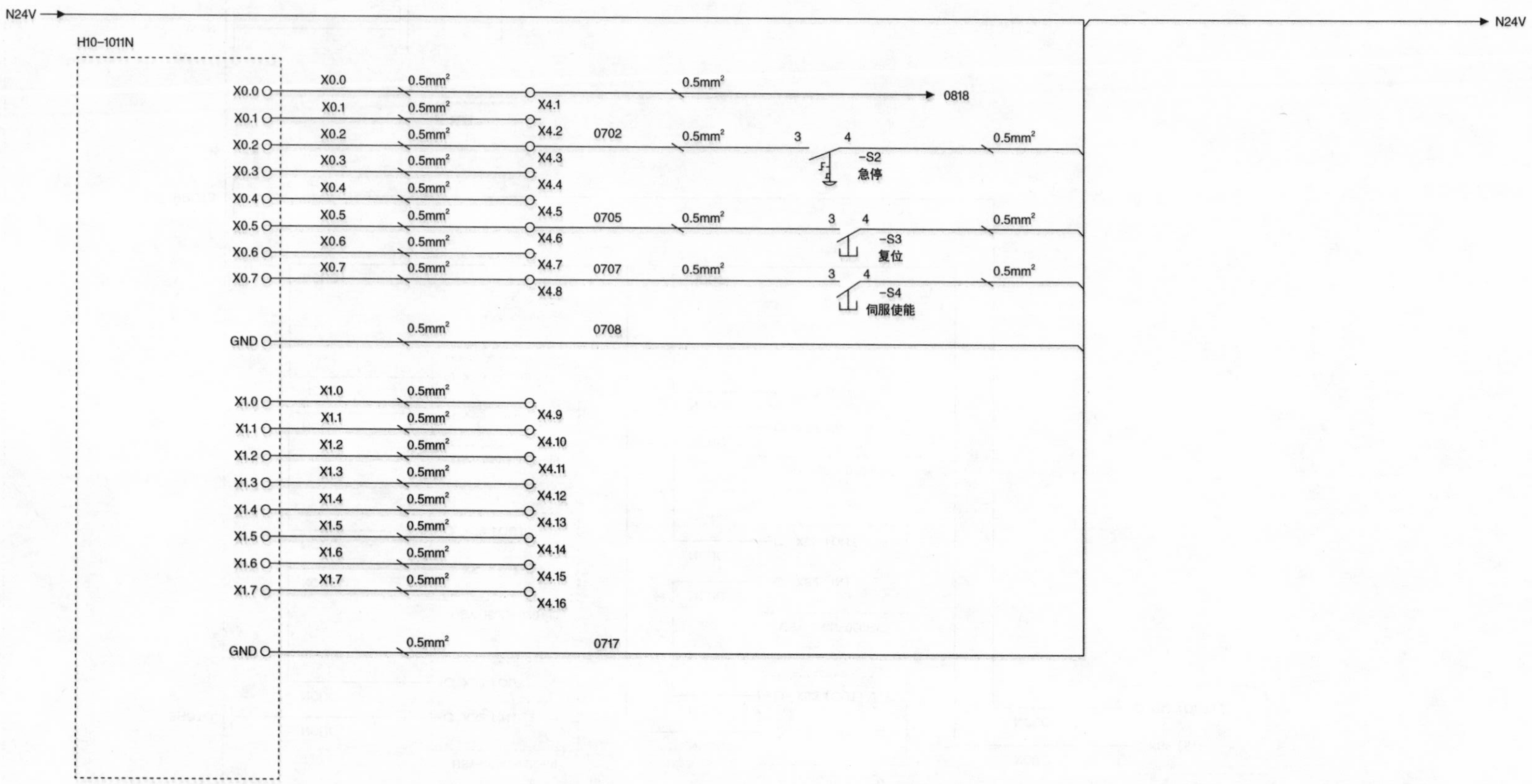

图7-48 数字量输入（DI）接线图

机器人电气拆装实训工作站电气接线图

数字量输出（DO）接线图

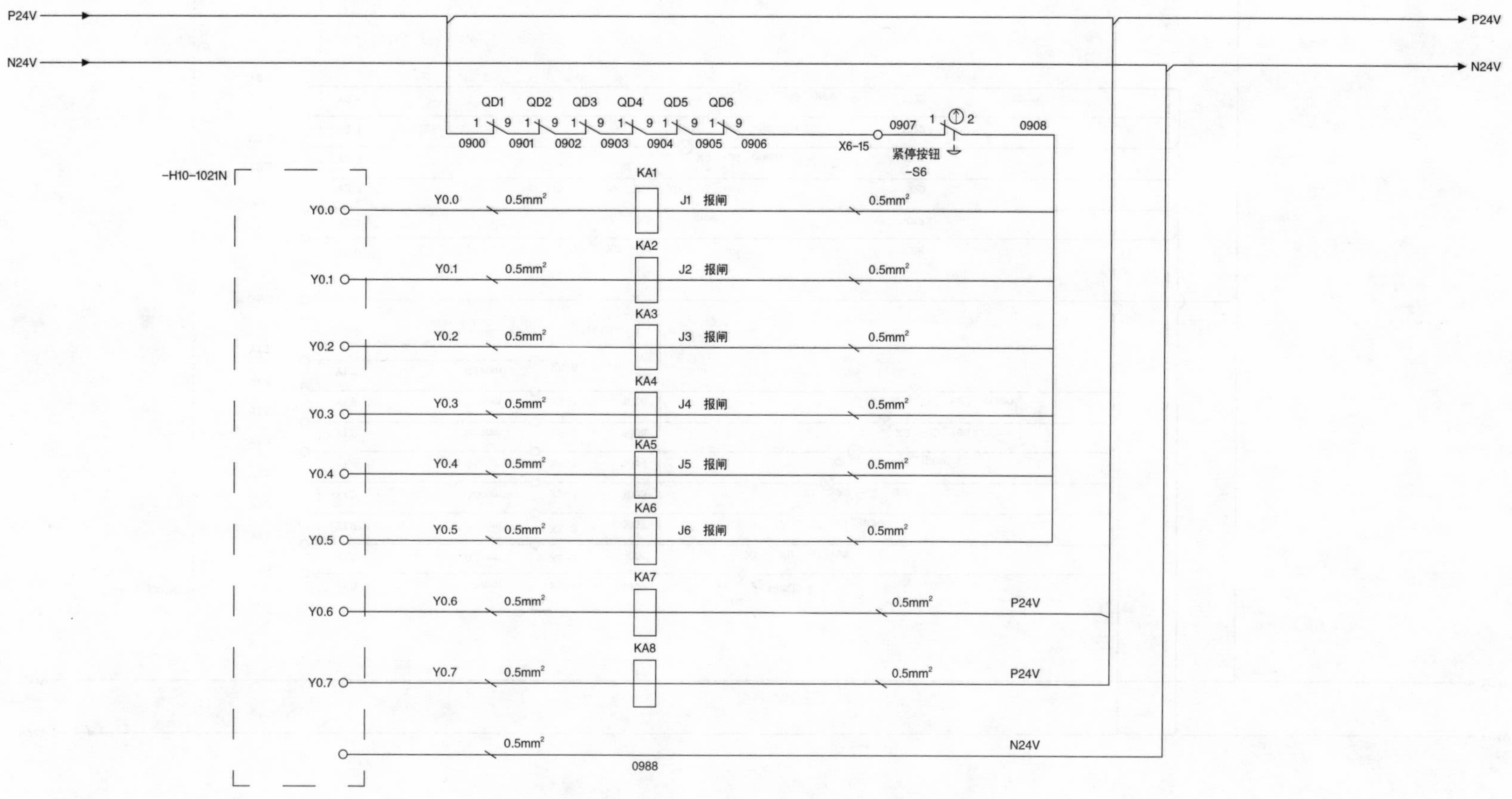

图7-49 数字量输出（DO）接线图（1）

机器人电气拆装实测工作站电气接线图

数字量输出（DO）接线图

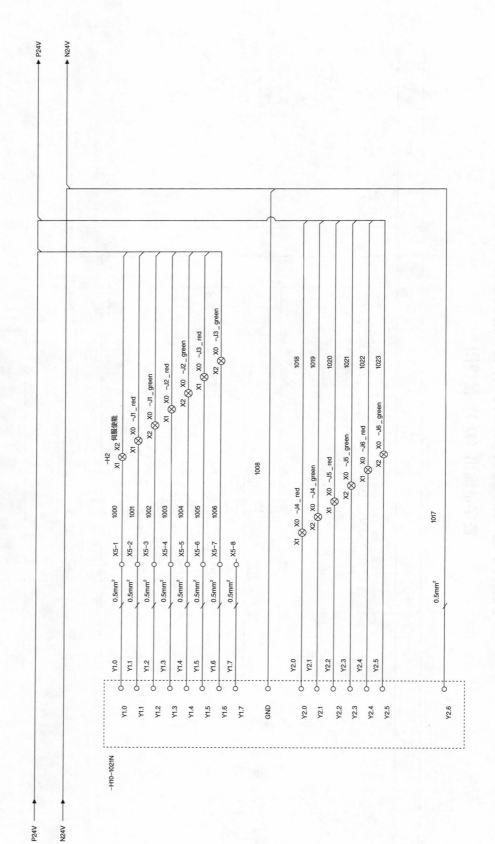

图7-50 数字量输出（DO）接线图（2）

机器人电气拆装实训工作站电气接线图

数字量输出（DO）接线图

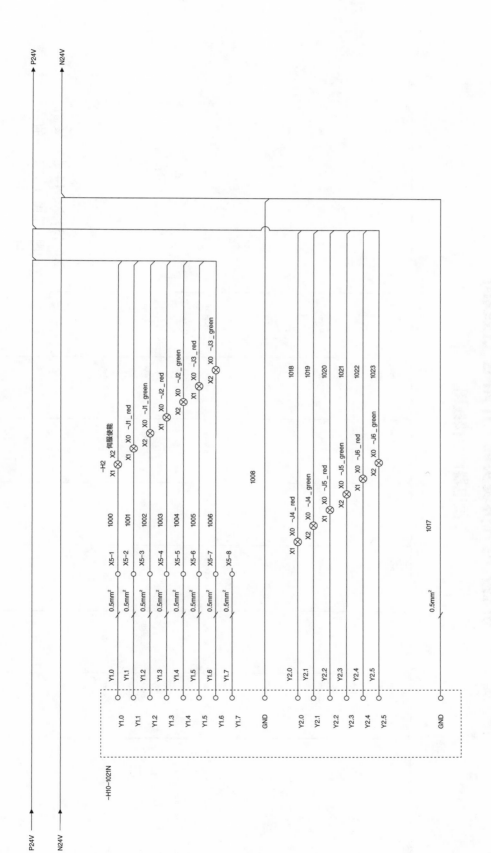

图7-51　数字量输出（DO）接线图（3）

机器人电气拆装实训工作站电气接线图

继电器触点接线图

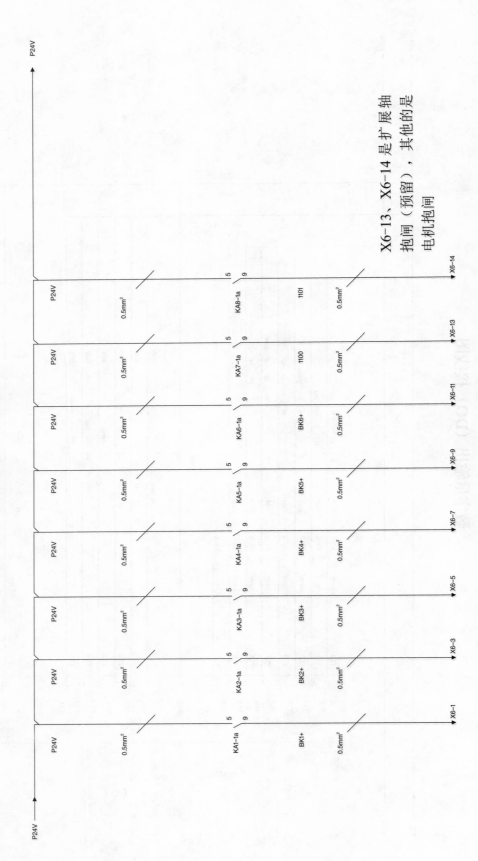

图7-52　继电器触点接线图

机器人电气拆装实训工作站电气接线图

端子接线图

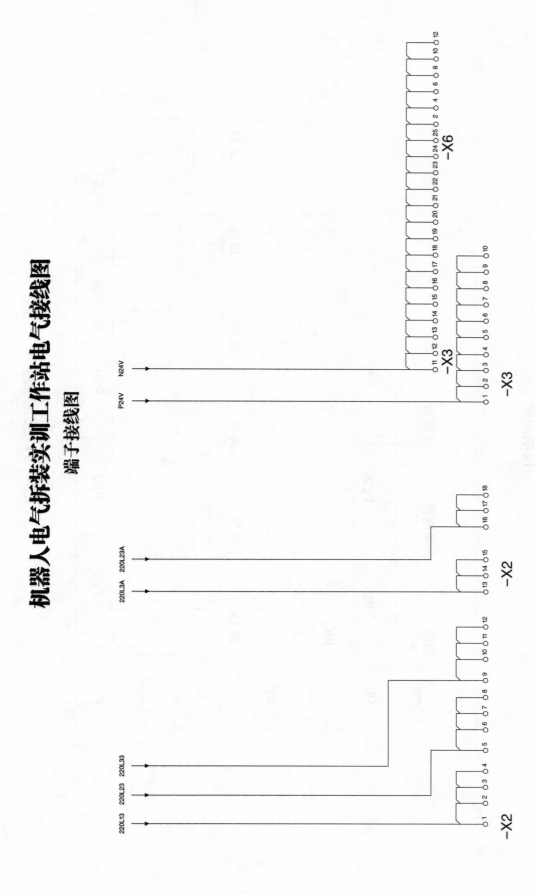

图 7-53 端子接线图

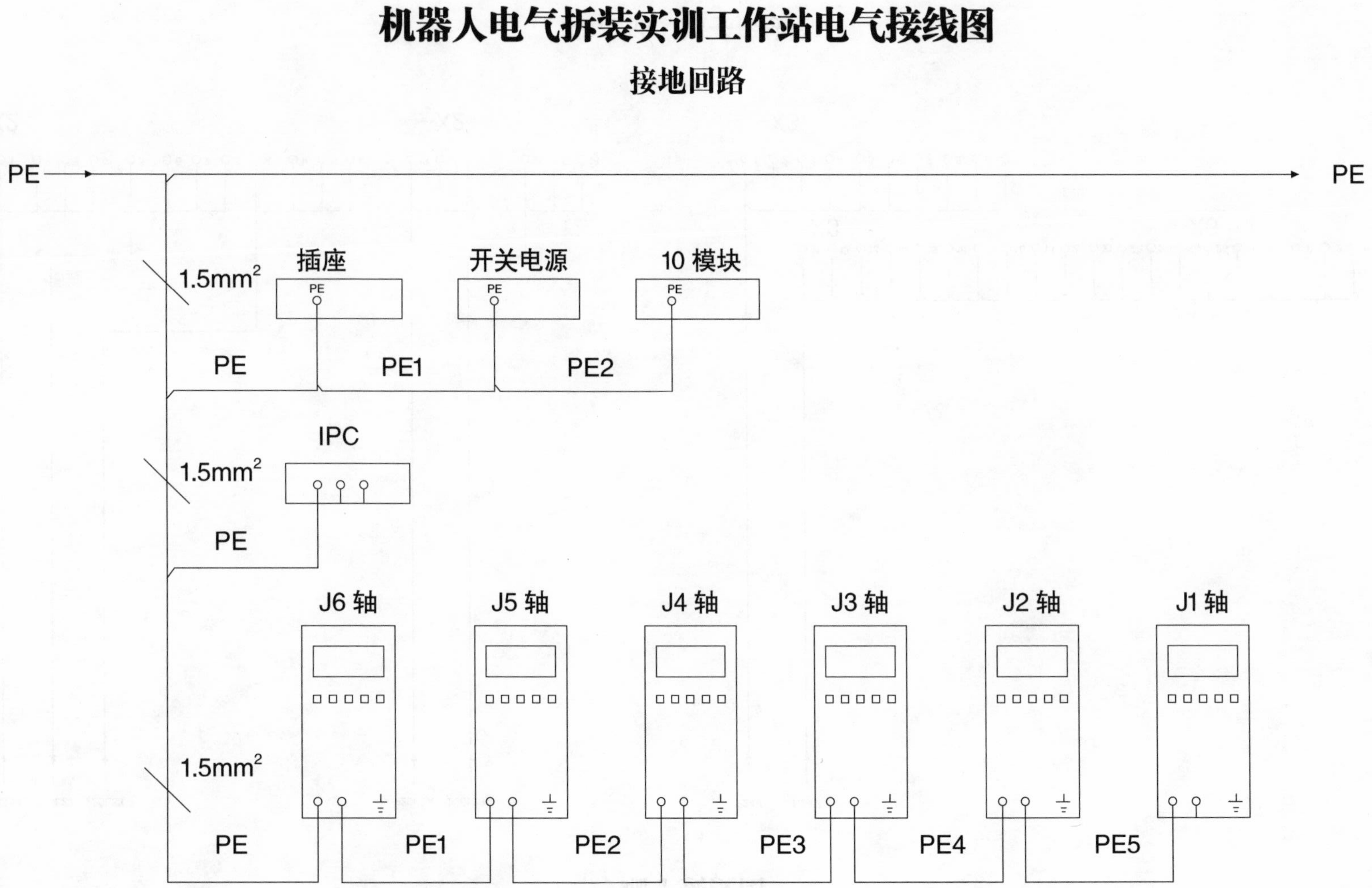
机器人电气拆装实训工作站电气接线图
接地回路
PE
PE
1.5mm²
插座
PE
开关电源
PE
10 模块
PE
PE
PE1
PE2
IPC
1.5mm²
PE
J6 轴
J5 轴
J4 轴
J3 轴
J2 轴
J1 轴
1.5mm²
PE
PE1
PE2
PE3
PE4
PE5

图 7-54　接地回路

评价反馈，总结提高

活动过程评价表

班级：_____ 姓名：_____ 学号：_____ _____年__月__日

评价项目及标准		配分	等级评定			
			A	B	C	D
学习态度	1. 虚心向师傅学习	10				
	2. 组员的交流、合作融洽	10				
	3. 实践动手操作的主动积极性	10				
操作规范	1. 工业机器人的系统组成	10				
	2. PLC 模块线路的拆装	10				
	3. IPC 模块线路的拆装	10				
	4. 操作安全性	10				
	5. 完成时间（建议完成时间）	10				
	6. 对实习岗位卫生清洁、工具的整理保管及实习场所卫生清扫情况	10				
完成情况	在规定时间内，能较好地完成所有任务	10				
合计		100				
师傅总评						

等级评定：A：优（10）；B：好（8）；C：一般（6）；D：有待提高（4）

学习拓展，技能升华

将拆下来的线路安装回去，并检查好是否可靠。

典型任务指导书

岗位		
任务名称		
学习目标		
任务内容		
工作流程	任务框架	
	学习过程	
	自我评价	
	师傅评价	

课堂知识回顾

一、填空题

1. 工业机器人的组成包括_____、_____、_____和_____。

2. HSR-JR6 型工业机器人电气控制系统主要由_____单元、_____单元、_____单元、_____单元等组成。

3. _____单元、_____单元和_____是通过_____总线连接到一起，完成相互之间的通信工作。

4. IPC 控制器由_____、_____、_____、_____组成。工业机器人在运动中的点位控制、轨迹控制、手抓空降位置与姿态的控制等都是由它发布控制命令。

5. PLC 是工业机器人中非常重要的运算系统，它主要完成与_____运算有关的一些控制要求。

6. IPC 控制器通过总线把控制命令发送给伺服驱动器，也通过总线收集伺服电动机的运行反馈信息，通过_____来修正机器人的运动。

7. 开关量输入子模块包括_____型和_____型两种，区别在于：NPN 型为_____电平有效，PNP 型为_____电平有效。

8. 开关量输出子模块（HIO-1021N）为_____型，有效输出为低电平；否则输出为_____状态。

二、简答题

1. 写出 HSR-612 型工业机器人的系统构成。

_____

_____

_____

_____

_____

_____

_____

_____

_____

2. 下图为工业机器人机身本体，写出各字母所代表的类型和运动的正负方向。

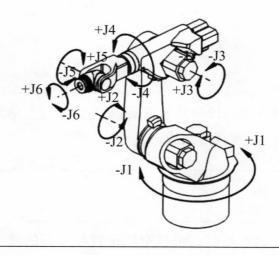

_____

_____

_____

_____

_____

_____

_____

3. HSR-JR6 型工业机器人电气控制系统主要由哪些结构单元组成？如下图所示，写出各个单元间的连接关系。

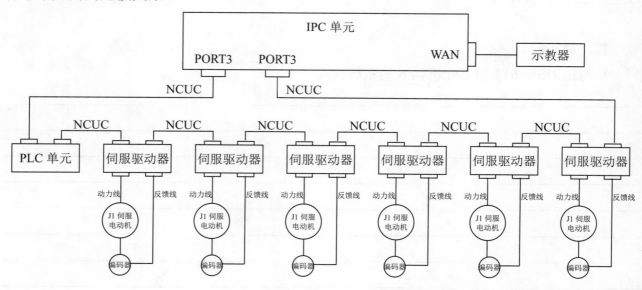

HSR-JR6 型工业机器人电气控制基本构成

_____

_____

_____

_____

_____

_____

_____

4.请写出控制柜上按钮的名称，从上往下。

_____

_____

_____

_____

_____

_____

_____

5.请写出 IPC 控制器的结构组成、工作原理和工作过程。

_____

_____

_____

6. 写出 PLC 主要完成哪些控制要求，可以执行哪些工作任务。

7. 写出总线式 I/O 单元具有哪些特性。

8. 写出总线式 I/O 单元功能和技术指标。

9. 简单介绍一下通讯子模块功能及接口情况。

_____

_____

_____

_____

_____

_____

10. 开关量输入子模块包括哪两种类型，以及两者的区别是什么？

_____

_____

_____

_____

_____

_____

_____

_____

11. 写出模拟量输入 / 输出子模块功能，及其主要的接口情况。

_____

_____

_____

_____

_____

_____

_____

章节学习记录

问题记录

1. 在学习过程中遇到了什么问题？请记录下来。

_____

_____

_____

_____

2. 请分析问题产生的原因，并记录。

_____

_____

_____

_____

3. 如何解决问题？请记录解决问题的方法。

_____

_____

_____

_____

4. 请谈谈解决问题之后的心得体会。

_____

_____

_____

_____

_____

_____

_____